# 装配式建筑 BIM 技术应用：项目策划与标准制定篇

主　编　戴　辉
副主编　陆　强　刘兆宏　张　军　梁彩虹　王　磊
参　编　郑东华　牛华伟　赵建华　张小芬　车贵辉
　　　　蒋如松　陆晨光　钱　晨

机械工业出版社
CHINA MACHINE PRESS

本书共计11章。第1章和第2章，主要讲解装配式建筑相关的概念；第3章分析了当前装配式建筑建设过程中经常出现的质量问题及其原因；第4章是BIM技术概论；第5章介绍A+B装配式混凝土结构建筑BIM技术体系，包括项目级的BIM实施流程、标准、软件配置、数据传递格式等；第6章针对后拆分设计的装配式建筑项目进行分析和设计BIM技术实施方案；第7章介绍项目级BIM技术应用策划；第8章、第9章和第10章，则分别介绍了在施工图设计阶段、拆分设计阶段和深化设计阶段各专业的BIM建模标准；第11章则是关于装配式建筑技术、BIM技术的工程案例的简单介绍。

　　本书适合于从事装配式建筑和BIM技术的管理、设计、构件制造、施工和科研等方面的人员参考用书，也适合建筑相关专业教师和学生借鉴、参考和学习用书。

**图书在版编目（CIP）数据**

装配式建筑BIM技术应用.项目策划与标准制定篇 / 戴辉主编.—北京：机械工业出版社，2019.11
　　（装配式建筑 BIM 技术应用丛书）
　　ISBN 978-7-111-63757-8

　　Ⅰ.①装…　Ⅱ.①戴…　Ⅲ.①建筑工程－装配式构件－工程管理－应用软件　Ⅳ.① TU71-39

中国版本图书馆 CIP 数据核字（2019）第 205772 号

机械工业出版社（北京市百万庄大街 22 号　邮政编码 100037）
策划编辑：刘思海　沈百琦　责任编辑：刘思海
责任校对：张　薇　肖　琳　封面设计：鞠　杨
责任印制：张　博
北京东方宝隆印刷有限公司印刷
2019 年 11 月第 1 版第 1 次印刷
210mm×285mm · 10.5 印张 · 326 千字
0 001—2 000 册
标准书号：ISBN 978-7-111-63757-8
定价：68.50 元

电话服务　　　　　　　网络服务
客服电话：010-88361066　机　工　官　网：www.cmpbook.com
　　　　　010-88379833　机　工　官　博：weibo.com/cmp1952
　　　　　010-68326294　金　书　网：www.golden-book.com
**封底无防伪标均为盗版**　机工教育服务网：www.cmpedu.com

# 本书编写委员会名单

## 主　任

戴　辉　戴辉工作室、常州九曜信息技术有限公司

## 副主任

陆　强　江苏省常州技师学院信息服务学院
刘兆宏　徐州新盛彭寓置业有限公司
张　军　扬州工业职业技术学院建筑工程学院
梁彩虹　浙江弼木云数字技术发展有限公司
王　磊　上海建工四建集团有限公司

## 参　编

郑东华　长沙华晟宜居工程技术服务有限公司
牛华伟　长沙华晟宜居工程技术服务有限公司
赵建华　徐州新盛彭寓置业有限公司
张小芬　浙江弼木云数字技术发展有限公司
车贵辉　浙江弼木云数字技术发展有限公司
蒋如松　浙江弼木云数字技术发展有限公司
陆晨光　江苏国泰新点软件有限公司
钱　晨　江苏南通二建集团有限公司

前言
PREFACE

建筑产业现代化建设主要是建筑工业化和建筑信息化的建设。当前，建筑工业化的主要任务是推广装配式建筑建设，建筑信息化建设则以 BIM 技术作为主导。实现 BIM 技术在装配式建筑全生命周期中的应用，将是目前建筑产业现代化建设的重要任务。

如果说《关于印发 2016　2020 年建筑业信息化发展纲要的通知》是推动建筑业的产业级和企业级 BIM 技术应用，那么《关于大力发展装配式建筑的指导意见》则是推动工程项目级的 BIM 技术应用。2019 年 4 月 1 日，人力资源社会保障部、市场监管总局、统计局正式向社会发布了包括人工智能工程技术人员、物联网工程技术人员、建筑信息模型（BIM）技术员等 13 个新职业信信息。建筑信息模型（BIM）技术员职业的出现，则是推动专业级的 BIM 技术应用。

建筑产业信息化主要任务包括：建筑企业的信息化、行业监管和服务信息化、专项信息技术应用信息化标准。其中建筑企业的信息化主要任务包括勘察设计类企业信息化、施工类企业信息化和工程总承包类企业信息化。产业级和企业级的信息化建设，都是非常庞大的技术体系，目前国内还没有成熟的、配套的实施方案；产业级和企业级的信息化建设，无论有多庞大复杂，也需要集成项目级、专业级的 BIM 技术应用体系。所以，我们在"装配式建筑 BIM 技术应用丛书"中也对产业级、企业级信息化建设任务，提出了自己的一点点想法和建议，以供同行参考。

《关于大力发展装配式建筑的指导意见》中明确指出："创新装配式建筑设计。统筹建筑结构、机电设备、部品部件、装配施工、装饰装修，推行装配式建筑一体化集成设计。推广通用化、模数化、标准化设计方式，积极应用建筑信息模型技术，提高建筑领域各专业协同设计能力，加强对装配式建筑建设全过程的指导和服务。"要实现装配式建筑全专业一体化集成 BIM 设计，以及 BIM 对装配式建筑建设全过程的指导和服务，离不开项目级 BIM 技术实施方案的制定。"装配式建筑 BIM 技术应用丛书"详细介绍了由编者团队参与开发的一整套项目级 BIM 技术实施方案，适合装配式建筑项目管理人员参阅、借鉴。

国内主流的 BIM 技术体系主要有 Autodesk、Bentley、Dassault、Nemetschek、PKPM、Trimble 六大体系，各有各的优势与不足，无法用某一个体系实现装配式建筑全过程、全专业的 BIM 技术应用。另外，市面上也有部分关于 BIM 技术应用于装配式建筑的教材，或是由于经验不足，或是因为对 BIM 认识不够，出现一个普遍的认识误区——将装配式建筑设计等同于 PC 构件的设计，完全避开了装配式机电、结构深化和 PC 模具等专业的设计。"装配式建筑 BIM 技术应用丛书"着重每个工程阶段的装配式建筑各专业的 BIM 技术应用，力求完整介绍 BIM 技术在装配式建筑全生命周期的应用。

"装配式建筑 BIM 技术应用丛书"包括《装配式建筑 BIM 技术应用：项目策划与标准制定篇》《装配式建筑 BIM 技术应用：PC 构件与 PC 模具一体化 BIM 设计篇》和《装配式建筑 BIM 技术应用：结构深化与可视化 BIM 设计篇》三本。《装配式建筑 BIM 技术应用：项目策划与标准制定篇》即本书借助一个后拆分的装配式建筑案例，分析了当前装配式建筑经常出现的质量问题及其原因，较为详细地阐述了项目级的 BIM 实施流程、标准、软件配置，以及各阶段的各专业的 BIM 建模标准。因此，本书也是本套丛书的纲领。《装配式建筑 BIM 技术应用：PC 构件与 PC 模具一体化 BIM 设计篇》和《装配式建筑 BIM 技术应用：

结构深化与可视化 BIM 设计篇》，则是本书中提出的理论在 PC 构件加工设计、PC 模具加工设计和结构深化设计阶段的具体体现。

最后，感谢所有编写人员的辛苦付出！感谢那些在装配式建筑技术上给予我们帮助的朋友们！没有你们，就没有"装配式建筑 BIM 技术应用丛书"的问世。

大道之行，天下为公！任何一个技术，如果没有为社会大众带来方便和效益，也将一无是处。本套书编写团队始终秉承"匠心独运，授人以渔"宗旨，一如既往地为建筑业同行奉献最真诚的研究成果和教材，为我国的建筑产业现代化添砖加瓦！

编　者

目录
CONTENTS

前言

# 第一篇

▼

## 基本知识

# 第 1 章

# 建筑产业现代化

## 第 1 节　我国建筑产业现状

### 一、建筑业是国民经济支柱产业

我国改革开放后，尤其是 20 世纪 90 年代末期的城市化进程，建筑业得到了高速发展，已经成为关系到国计民生的支柱性基础产业。

根据国家统计局数据，2018 年全国建筑业共实现总产值 235086 亿元，同比增长 9.9%。全国建筑业房屋建筑施工面积 140.9 亿 $m^2$，同比增长 6.9%。建筑业也是适龄就业人口集中的产业，共有 8 万余家企业，拥有 5000 多万建筑工人。全国房地产开发投资 120264 亿元，比上年增长 9.5%。全国商品房销售面积 171654 万 $m^2$，增长 1.3%，其中住宅销售面积增长 2.2%。全国商品房销售额 149973 亿元，增长 12.2%，其中住宅销售额增长 14.7%。

### 二、建筑业亟待产业变革

当前，在我国房屋建造整个生产过程中，高能耗、高污染、低效率、粗放型的传统建造模式仍然具有普遍性，建筑业仍是一个劳动密集型产业，与新型城镇化、工业化、信息化的发展要求相差甚远。建筑企业整体现代化水平不高，技术创新相对滞后，工程总承包实施能力不高，综合管理水平较弱。建筑工人主要由农民工组成，普遍文化水平不高，技术能力较低，随着经济的发展，建筑工人老龄化、就业缺口将越来越大。近几年建筑产业统计情况如图 1-1～图 1-5 所示。

随着我国城市化进程的回落，国内建筑市场逐渐萎缩，以及环境污染的加剧、建筑工人进一步老龄化，建筑业面临着新一轮的产业变革。

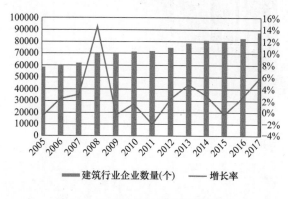

图 1-1　建筑行业企业数量及增长率

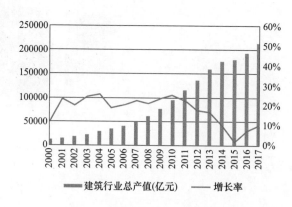

图 1-2　建筑行业总产值及增长率

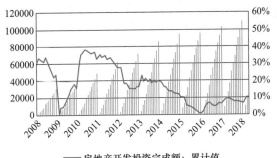

图1-3 房地产开发投资完成额

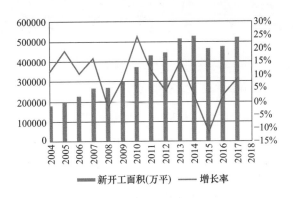

图1-4 新开工面积及增长率

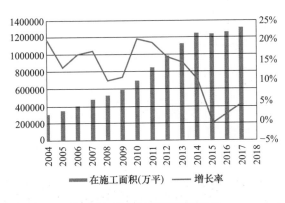

图1-5 在施工面积及增长率

# 第2节 建筑产业现代化的定义与内涵

## 一、建筑产业现代化定义

建筑产业现代化是指运用现代化管理模式，通过标准化的建筑设计以及模数化、工厂化的部品生产，实现建筑构部件的通用化和现场施工的装配化、机械化。结合现代化的产业组织模式和管理方法管理建筑产业，从而形成完整的、有机的产业系统。建筑产业现代化是建筑生产方式从粗放型生产向集约型生产的根本转变，是产业现代化的必然途径和发展方向。

## 二、建筑产业现代化基本内涵

（1）最终产品绿色化　大力发展节能、环保、低碳的绿色建筑。

（2）建筑工业化　用现代工业化的大规模生产方式代替传统的手工业生产方式来建造建筑产品。

（3）建造过程精益化　用精益建造的系统方法，控制建筑产品的生成过程。

（4）建设过程信息化　借助于信息技术手段，管理整个建设全过程。

（5）项目管理国际化　工程项目管理将国际化与本土化、专业化进行有机融合。

（6）高管团队职业化　建设一支懂法律、守信用、会管理、善经营、作风硬、技术精的企业高层复合型管理人才队伍。

（7）产业工人技能化　促进有一定专业技能水平的农民工向高素质的新型产业工人转变。

# 第3节 建筑工业化与装配式建筑

## 一、建筑工业化的本质

建筑产业现代化的核心是建筑工业化，建筑工业化的本质是：生产标准化，生产过程机械化，建设管理规范化，建设过程集成化，技术生产科研一体化。建筑工业化主要指在建筑产品形成过程中，有大量的构部件可以通过工业化（工厂化）的生产方式，最大限度地加快建设速度，改善作业环境，提高劳动生产率，降低劳动强度，减少资源消耗，保障工程质量和安全生产，消除污染物排放，以合理的工时及价格来建造适合各种使用要求的建筑。

## 二、建筑工业化的特征

（1）建筑设计标准化 设计标准化是建筑生产工业化的前提条件，包括建筑设计的标准化、建筑体系的定型化、建筑部品的通用化和系列化。建筑设计标准化就是在设计中按照一定的模数标准规范构件和产品，形成标准化、系列化的部品，减少设计的随意性，并简化施工手段，以便于建筑产品能够进行成批生产。建筑设计标准化是建筑产业现代化的基础。

（2）中间产品工厂化 中间产品工厂化是建筑生产工业化的核心，它是将建筑产品形成过程中需要的中间产品（包括各种构配件）生产由施工现场转入工厂制造，以提高建筑物的建设速度，减少污染、保证质量、降低成本，如图1-6所示。

图1-6 工厂化生产混凝土构件

（3）施工作业机械化 机械化能使目前已形成的钢筋混凝土现浇体系的质量安全和效益得到提升，是推进建筑生产工业化的前提。它将标准化的设计和定型化的建筑中间投入产品的生产、运输、安装，运用机械化、自动化生产方式来完成，从而达到减轻工人劳动强度、有效缩短工期的目的。

## 三、装配式建筑发展政策

对于装配式建筑而言，建筑工业化主要是推动其进行大规模建设。2015年11月14日中华人民共和国住房和城乡建设部（以下简称住建部）发布《建筑产业现代化发展纲要》，提出到2020年装配式建筑占新建建筑的比例20%以上，到2025年装配式建筑占新建筑的比例50%以上。

2016年9月27日，国务院办公厅发布的《关于大力发展装配式建筑的指导意见》中明确指出：

（三）工作目标。以京津冀、长三角、珠三角三大城市群为重点推进地区，常住人口超过300万的其他城市为积极推进地区，其余城市为鼓励推进地区，因地制宜发展装配式混凝土结构、钢结构和现代木结构等装配式建筑。力争用10年左右的时间，使装配式建筑占新建建筑面积的比例达到30%。同时，逐步完善法律法规、技术标准和监管体系，推动形成一批设计、施工、部品部件规模化生产企业，具有现代装配建造水平的工程总承包企业以及与之相适应的专业化技能队伍。

（四）健全标准规范体系。加快编制装配式建筑国家标准、行业标准和地方标准，支持企业编制标准、加强技术创新，鼓励社会组织编制团体标准，促进关键技术和成套技术研究成果转化为标准规范。强化建筑材料标准、部品部件标准、工程标准之间的衔接。制修订装配式建筑工程定额等计价依据。完善装配式建筑防火抗震防灾标准。研究建立装配式建筑评价标准和方法。逐步建立完善覆盖设计、生产、施工和使用维护全过程的装配式建筑标准规范体系。

（五）创新装配式建筑设计。统筹建筑结构、机电设备、部品部件、装配施工、装饰装修，推行装配式建筑一体化集成设计。推广通用化、模数化、标准化设计方式，积极应用建筑信息模型技术，提高建筑领域各专业协同设计能力，加强对装配式建筑建设全过程的指导和服务。鼓励设计单位与科研院所、高校等联合开发装配式建筑设计技术和通用设计软件。

（六）优化部品部件生产。引导建筑行业部品部件生产企业合理布局，提高产业聚集度，培育一批技术先进、专业配套、管理规范的骨干企业和生产基地。支持部品部件生产企业完善产品品种和规格，促进专业化、标准化、规模化、信息化生产，优化物流管理，合理组织配送。积极引导设备制造企业研发部品部件生产装备机具，提高自动化和柔性加工技术水平。建立部品部件质量验收机制，确保产品质量。

（七）提升装配施工水平。引导企业研发应用与装配式施工相适应的技术、设备和机具，提高部品部件的装配施工连接质量和建筑安全性能。鼓励企业创新施工组织方式，推行绿色施工，应用结构工程与分部分项工程协同施工新模式。支持施工企业总结编制施工工法，提高装配施工技能，实现技术工艺、组织管理、技能队伍的转变，打造一批具有较高装配施工技术水平的骨干企业。

（八）推进建筑全装修。实行装配式建筑装饰装修与主体结构、机电设备协同施工。积极推广标准化、集成化、模块化的装修模式，促进整体厨卫、轻质隔墙等材料、产品和设备管线集成化技术的应用，提高装配化装修水平。倡导菜单式全装修，满足消费者个性化需求。

（九）推广绿色建材。提高绿色建材在装配式建筑中的应用比例。开发应用品质优良、节能环保、功能良好的新型建筑材料，并加快推进绿色建材评价。鼓励装饰与保温隔热材料一体化应用。推广应用高性能节能门窗。强制淘汰不符合节能环保要求、质量性能差的建筑材料，确保安全、绿色、环保。

（十）推行工程总承包。装配式建筑原则上应采用工程总承包模式，可按照技术复杂类工程项目招投标。工程总承包企业要对工程质量、安全、进度、造价负总责。要健全与装配式建筑总承包相适应的发包承包、施工许可、分包管理、工程造价、质量安全监管、竣工验收等制度，实现工程设计、部品部件生产、施工及采购的统一管理和深度融合，优化项目管理方式。鼓励建立装配式建筑产业技术创新联盟，加大研发投入，增强创新能力。支持大型设计、施工和部品部件生产企业通过调整组织架构、健全管理体系，向具有工程管理、设计、施工、生产、采购能力的工程总承包企业转型。

（十一）确保工程质量安全。完善装配式建筑工程质量安全管理制度，健全质量安全责任体系，落实各方主体质量安全责任。加强全过程监管，建设和监理等相关方可采用驻厂监造等方式加强部品部件生产质量管控；施工企业要加强施工过程质量安全控制和检验检测，完善装配施工质量保证体系；在建筑物明显部位设置永久性标牌，公示质量安全责任主体和主要责任人。加强行业监管，明确符合装配式建筑特点的施工图审查要求，建立全过程质量追溯制度，加大抽查抽测力度，严肃查处质量安全违法违规行为。

# 第4节 建筑业信息化与BIM技术

## 一、建筑业信息化定义

建筑业信息化是指运用信息技术，特别是增强BIM、大数据、智能化、移动通信、云计算、物联网等信息技术集成应用能力，改造和提升建筑业技术手段和生产组织方式，提高建筑企业经营管理水平和核心竞争能力，提高建筑业主管部门的管理、决策和服务水平。建筑业信息化是建筑业发展战略的重要组成部分，也是建筑业转变发展方式、提质增效、节能减排的必然要求，对建筑业绿色发展、提高人民生活品质具有重要意义。

## 二、建筑业信息化主要任务

住建部发布的《2016—2020年建筑业信息化发展纲要》中明确规定了建筑业信息化的主要任务。

**（一）建筑企业信息化**

（1）勘察设计类企业信息化　推进信息技术与企业管理深度融合；加快BIM普及应用，实现勘察设计技术升级；强化企业知识管理，支撑智慧企业建设。

（2）施工类企业信息化　加强信息化基础设施建设；推进管理信息系统升级换代；拓展管理信息系统新功能。

（3）工程总承包类企业信息化　优化工程总承包项目信息化管理，提升集成应用水平；推进"互联网＋"协同工作模式，实现全过程信息化。

**（二）行业监管和服务信息化**

（1）建筑市场监管　深化行业诚信管理信息化；加强电子招投标的应用；推进信息技术在劳务实名制管理中应用。

（2）工程建设监管　建立完善数字化成果交付体系；加强信息技术在工程质量安全管理中的应用；推进信息技术在工程现场环境、能耗监测和建筑垃圾管理中的应用。

除此，还包括重点工程信息化、建筑产业现代化、行业信息共享与服务。

**（三）专项信息技术应用**

专项信息技术应用主要包括：大数据技术、云计算技术、物联网技术、3D打印技术、智能化技术。

**（四）信息化标准**

加快相关信息化标准的编制，重点编制和完善建筑行业及企业信息化相关的编码、数据交换、文档及图档交付等基础数据和通用标准。继续推进BIM技术应用标准的编制工作，结合物联网、云计算、大数据等新技术在建筑行业的应用，研究制定相关标准。

**（五）建筑产业现代化与建筑业信息化**

加强信息技术在装配式建筑中的应用，推进基于BIM的建筑工程设计、生产、运输、装配及全生命期管理，促进工业化建造。建立基于BIM、物联网等技术的云服务平台，实现产业链中各参与方之间在各阶段、各环节的协同工作。

## 三、建筑信息模型（BIM）技术员职业

2019年4月1日，人力资源和社会保障部、市场监督管理总局、统计局正式向社会发布了人工智能工程技术人员、物联网工程技术人员、大数据工程技术人员、云计算工程技术人员、建筑信息模型（BIM）技术员等13个新职业信息。其中建筑信息模型（BIM）技术员主要工作任务如下：

1）负责项目中建筑、结构、暖通、给水排水、电气专业等BIM模型的搭建、复核、维护管理工作。

2）协同其他专业建模，并做碰撞检查。

3）BIM可视化设计：室内外渲染、虚拟漫游、建筑动画、虚拟施工周期等。

4）施工管理及后期运维。

# 第 2 章

# 装配式混凝土结构建筑概论

## 第 1 节　装配式混凝土结构建筑概念

### 一、装配式建筑定义

装配式建筑是指由预制构件通过可靠连接方式建造的建筑，如图 2-1~ 图 2-3 所示，装配式建筑有两个主要特征：一是构成建筑的主要构件特别是结构构件是预制的；二是预制构件的连接方式是可靠的。

图 2-1　装配式住宅项目

图 2-2　装配式公共建筑

图 2-3　装配式学校建筑

## 二、装配式建筑分类

（1）按结构材料分类　有装配式钢结构建筑、装配式钢筋混凝土建筑、装配式木结构建筑、装配式轻钢结构建筑和装配式复合材料建筑等类型。本书中所说的装配式建筑指的是装配式钢筋混凝土建筑。

（2）按结构体系分类　有框架结构装配式建筑、框架 - 剪力墙结构装配式建筑、筒体结构装配式建筑、剪力墙结构装配式建筑、无梁板结构装配式建筑和预制钢筋混凝土柱单层厂房结构装配式建筑等类型。

（3）按预制率分类　高预制率装配式建筑（70% 以上）、一般预制率装配式建筑（30%~70%）、低预制率装配式建筑（20%~30%）和局部使用预制构件装配式建筑等类型。

## 三、装配式建筑适用范围

装配式建筑适宜的结构体系包括框架结构、框架 - 剪力墙结构、筒体结构、剪力墙结构体系。

装配式建筑在高层和超高层建筑类型中经济性更好，相同造型和户型的低层和多层建筑也适用于装配式建筑，复杂造型且层数较少的建筑不适用装配式建筑。

## 四、PC 和 PCa

PC 是英文 Precast Concrete 的缩写，中文意为预制混凝土。PCa 指的是"PC 化"，专指预制化的钢筋混凝土结构建筑。通常把装配式混凝土结构建筑简称为 PC 建筑。

# 第 2 节　发展装配式混凝土结构建筑的意义

装配式建筑（图 2-4）将工地作业为主的建造方式转变为工厂制造与工地作业协同作业方式，是目前我国建筑产业现代化的主要内容，是建筑业实现工业化、信息化和智能化的主要推动力。发展装配式建筑可以提升建筑质量、提高建造效率、节约资源、保护生态环境、改善劳力条件、缩短施工周期。

图 2-4　装配式建筑施工现场

　　一直以来我国建筑都是以现浇钢筋混凝土结构建筑为主，尤其是住宅建筑，基本都是钢筋混凝土结构建筑。装配式建筑的推广将带动建筑业实现建筑工业化。

　　大力发展装配式建筑，不但可以减少现场一线工人的数量，推动建筑农民工向建筑产业工人转变，弥补越来越严重的劳动力不足；同时，不断出现的新职业、新就业岗位，还可以提高适龄就业人口的就业率。

　　大力发展装配式建筑，还将带动建筑成套部品部件产业、建筑建造设备产业、建筑信息技术产业的快速发展，加快我国建筑业全产业链沿着"一带一路"走向海外，实现国际化。

# 第3节　装配式混凝土结构建筑主要技术及指标

## 一、装配式整体式和全装配式建筑

　　根据连接方式的不同，装配式建筑可分为装配式整体式混凝土结构建筑和全装配式混凝土结构建筑。

　　1）装配式整体式混凝土结构建筑是指由预制混凝土构件通过可靠的连接方式进行连接，并与现场后浇筑混凝土、水泥基灌浆料形成整体的装配式混凝土结构建筑。装配式整体式混凝土结构建筑具有较高的整体性和抗震性。大多数多层和全部高层装配式建筑，以及有抗震性要求的低层装配式建筑都是装配式整体式混凝土结构建筑。

　　装配式整体式混凝土结构应基本达到或接近与现浇混凝土结构等同的效果（即是等同现浇混凝土结构原理）。

　　2）全装配式混凝土结构建筑指的是 PC 构件采用干法连接（如螺栓连接、焊接等）形成整体的装配式建筑。预制钢筋混凝土柱单层厂房就属于全装配式混凝土结构建筑。

## 二、主要连接方式

　　（1）后浇混凝土连接方式　后浇混凝土连接是指在 PC 构件结合部留出后浇区，现场浇筑混凝土进行连接。

（2）套筒灌浆连接方式　套筒灌浆连接是指将需要连接带肋钢筋插入金属套筒内对接；在套筒内注入高强早强且有微膨胀特性的灌浆料；灌浆料凝固后在套筒筒壁与钢筋之间形成较大的压力，在带肋钢筋的粗糙表面产生较大的摩擦力，由此得以传递钢筋的轴向力。

（3）浆锚连接方式　浆锚连接是指将需要连接的钢筋插入预制构件预留孔内，在预留孔内灌浆锚固钢筋，使之与预留孔旁的预制构件的钢筋形成搭接。两根搭接的钢筋被预埋在预制构件中的螺旋钢筋或波纹管约束。

（4）叠合连接方式　叠合连接是指预制板或梁与现浇混凝土叠合的连接方式，包括楼板、梁和悬挑板等。叠合构件的下层为 PC 构件，上层为现浇层。

## 三、PC 预制率、装配率和单体预制装配率

1）PC 预制率是指预制混凝土占总混凝土量的比例。部分地区计算 PC 预制率以地面以上的混凝土量计算，即预制混凝土量占地面以上总混凝土量的比例。

2）装配率是工业化建筑中预制构件、建筑部品的数量（或面积）占同类构件或部品总数量（或面积）的比例。

3）单体预制装配率是指装配式建筑中，±0.000 以上部分，使用预制构件体积占全部构件体积的比例。

# 第3章
# 装配式混凝土结构建筑建设过程中常见问题

## 第1节 装配式建筑项目类型分析

根据其建设单位主体不同，可以划分为政府投资建设的公共项目、房地产开发项目和工业企业项目。这三种项目类型有各自不同的技术特点。

政府投资建设的公共项目主要有办公建筑、学校、医院、公寓、安置房等，尤其是办公建筑、学校、医院等项目，普遍采用工程总承包制，预制率（30%及以上）或装配率较高，多为预制柱、梁、楼板、楼梯等构件，一般是精装修交付；公寓和安置房预制率稍低，多为预制楼板、梁、楼梯、阳台和空调板等构件，多为精装修交付。

房地产开发项目主要有办公建筑、高层住宅、商业建筑，预制率（30%以下）或装配率较低，多为预制楼板、梁、楼梯、阳台和空调板等构件，以江苏省为例，苏北地区精装修交付较少，苏南地区精装修交付较多。

工业企业项目主要有办公建筑、厂房、其他辅助配套建筑等，多为预制柱、梁、楼板、楼梯等构件。

## 第2节 由项目需求带来的问题

目前推广的装配式建筑不同于20世纪七八十年代所推行的大板式装配式建筑，而是要满足经济发展水平、城市建设规划、建筑产业化等要求的创新型、集成式、工业化绿色建筑。这也增加了装配式建筑设计、制造、物流、施工和运维的复杂度。

### 一、精装修交付带来的问题

当前政府投资的项目，如学校、医院、办公建筑、公寓等，普遍要求精装修交付；目前住宅也渐渐推广精装修交付。装配式建筑的PC构件中预留的孔洞和预埋件多数由精装修设计决定，而精装修设计在传统施工工艺中往往在装饰装修阶段才进行。精装修设计同时决定了部分机电管线的走向和位置。在精装修设计缺失的情况下，PC构件的预留预埋一般是根据机电专业施工图来确定。所以，精装修设计的滞后造成了精装修设计与PC构件加工设计、机电施工图设计不一致。这就导致不少项目的PC构件安装后，其预留孔和预埋件需要根据精装修设计进行现场变更或是导致机电管线无法准确安装，如图3-1、图3-2所示。

### 二、装配式工业厂房带来的问题

苏建科[2017]43号文《关于在新建建筑中加快推广应用预制内外墙板预制楼梯板预制楼板的通知》中明确规定了"单体建筑面积1万平方米以上的标准厂房要推广应用预制三板"。工业厂房中尤其是石油石化、电厂、垃圾处理厂、自来水厂等多数工厂的管道是高温、高压、高热的工业管道；而其他办公建筑、宿舍、食堂等配套建筑又是民用管道；工业企业多数又都有自己的变电站。所以，装配式工厂的建设过程非常复杂，如图3-3、图3-4所示。

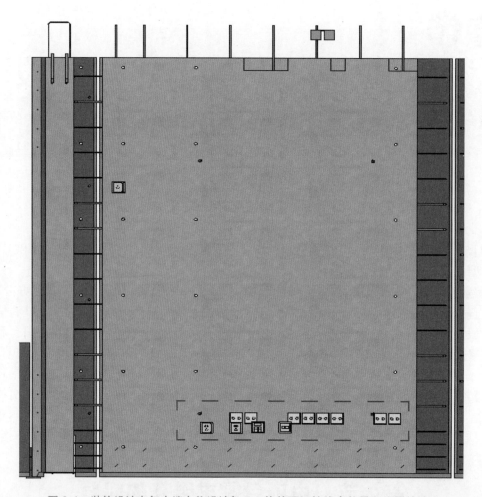

图 3-1　装饰设计电气末端点位设计与 PC 构件预埋接线盒数量和位置的冲突

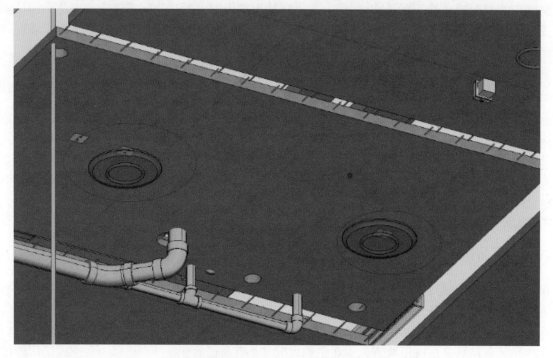

图 3-2　装饰设计照明设计与 PC 构件预埋接线盒数量的冲突

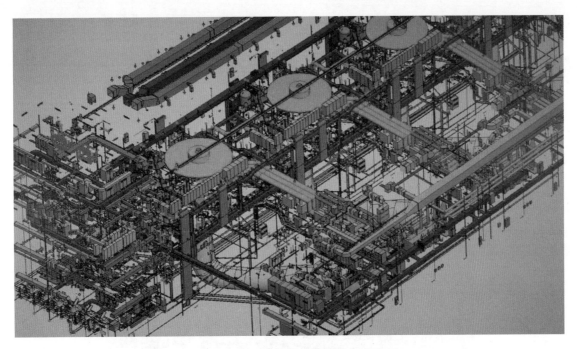

图 3-3　工业厂房机电系统 BIM 设计模型

图 3-4　水电站工艺管道 BIM 设计模型

## 三、成品钢筋使用带来的问题

随着钢筋自动加工设备价格的降低，不少 PC 构件厂购置了相应的设备用于钢筋加工；还有一些 PC 构件厂选择采购外部成品钢筋，如图 3-5 所示，这都大大提高了 PC 构件的生产效率。这就要求 PC 构件钢筋的加工设计必须精准（图 3-6~图 3-8），确保钢筋成型形状、规格、尺寸、重量、数量等准确表达，一旦出现错误，将给 PC 构件厂带来不小的损失。

图 3-5　外部采购 PC 楼梯钢筋

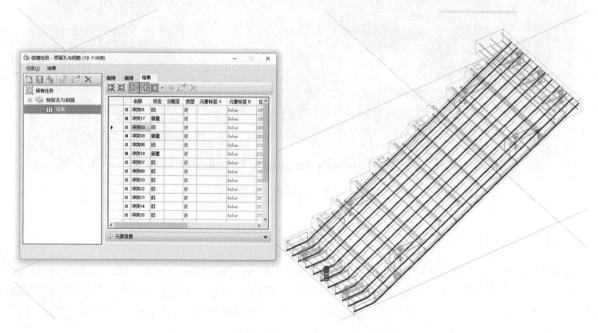

图 3-6　PC 楼梯钢筋与预留孔 BIM 模型的碰撞检查

图 3-7　PC 楼板钢筋网加工设备与钢筋网

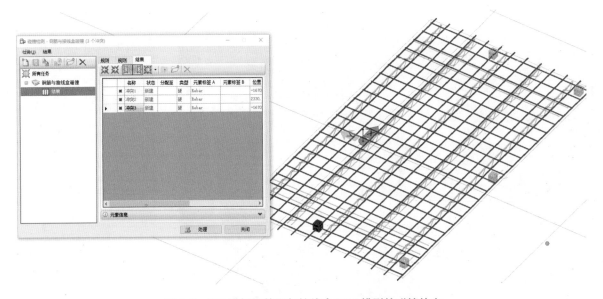

图 3-8　PC 楼板钢筋网与接线盒 BIM 模型的碰撞检查

# 第 3 节　由人才不足带来的问题

装配式建筑作为一种创新型建造方式，由于国内尚未建成配套的人才培养体系、培训机制，在不少项目建设过程中出现了大量的工程质量隐患，影响了整个行业健康发展，甚至购房者的购买信心。

## 一、缺少装配式建筑设计人才

装配式施工是一种部分构件采用工厂制造、现场装配的建造方式，脱离不了其他专业的配合，如规划、建筑、结构、机电、装饰、智能化等专业，PC构件也只是其中一个专业。目前，大多数设计院普遍对装配式建筑缺乏全面和深刻的认识，不少企业将装配式建筑设计等同于PC构件深化设计。由此带来了建筑及其他专业设计与PC构件设计的冲突。

例如，如图3-9所示，PC内墙板预留门洞过大，导致转角处无法设计构造柱，不满足设计规范，如设计构造柱，墙体则无法砌筑；最后现场现浇导墙和砌筑砌体墙，增加了施工难度；如图3-10所示，楼梯间外墙采用预制，预制外墙斜撑影响楼梯间通行功能；如图3-11所示，客厅和卧室之间的砌体墙厚度不足，增加装修难度；如图3-12所示，阳台设计过于复杂，导致PC阳台的加工、堆放、运输、吊装和使用都存在破损风险；如图3-13所示，电气管线设计过于集中，管线交叉严重，导致PC楼板顶部至面层钢筋网厚度已超过70mm；如图3-14所示，PC阳台梁钢筋锚固过短，虽然结构计算可以通过，但存在脱落隐患；如图3-15所示，PC墙体拆分设计未预留施工操作空间。

图3-9　前期设计与PC构件施工冲突

图3-10　预制外墙斜撑影响楼梯间通行

图3-11　砌体墙厚度不足

## 二、缺少专业PC构件设计人才

近年来，传统设计院纷纷建立自己的建筑产业化团队，成立了一些独立的装配式建筑设计与咨询企业，PC构件厂也对外承接PC构件深化设计业务。但总的看来，PC构件深化设计、模具加工设计人才短缺严重，一是数量较少，二是缺乏专业的培训和实操经验，由此也导致装配式建筑设计与施工严重不匹配。

图 3-12　阳台设计过于复杂

图 3-13　电气管线设计过于集中

图 3-14　PC 阳台梁钢筋锚固过短　　　图 3-15　PC 墙体拆分设计未预留施工操作空间

例如，如图 3-16 所示，PC 外墙窗洞未设计企口与向外放坡，留下窗户漏水隐患。如图 3-17 所示，图 3-17a 采用 PC 外墙工装模具，图 3-17b 中 PC 外墙采用底部混凝土条。图 3-17a 工装模具现场拆除较方便，便于重复利用；图 3-17b 中底部混凝土条需要现场切除，增加工作量，造成 PC 构件采购成本增加，现场材料浪费。如图 3-18 所示，PC 楼梯板底未设计滴水线，积水易流向墙面。如图 3-19 所示，图 3-19a 是运输过程损坏的 PC 楼板，图 3-19b 是 PC 构件厂堆放的 50mm 厚 PC 楼板、长度 4500mm 的未设计桁架筋的 PC 楼板，运输过程损坏率较高。如图 3-20 所示，PC 内墙预留配电箱设计不合理，增加了配电箱与线管的连接难度，PC 内墙预留接线盒和下部线管连接空间，需要二次支模板浇筑混凝土补洞。如图 3-21 所示，PC 阳台板孔洞错位，无法使用；施工单位凿洞后，放置模板盒子，此区域存在漏水隐患。如图 3-22 所示，PC 楼梯之间缝隙过大，后期补缝难度大，PC 楼梯未预留接线盒，需要现场开凿洞口放置接线盒。

图 3-16　PC 外墙窗洞未设计企口与向外放坡

a)

b)

图 3-17　需要现场拆除增加工作量

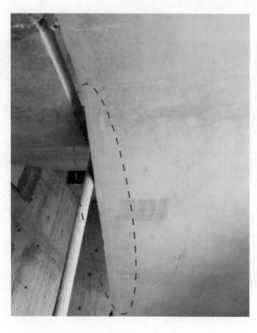

图 3-18　PC 楼梯板底未设计滴水线

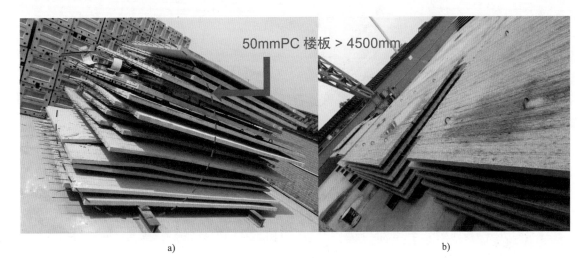

50mmPC 楼板 > 4500mm

a)　　　　　　　　　　　　　　　b)

图 3-19　运输过程损坏率较高

图 3-20　PC 内墙预留配电箱设计不合理

图 3-21　PC 阳台板孔洞错位

## 三、缺少 PC 构件和模具一体化加工设计人才

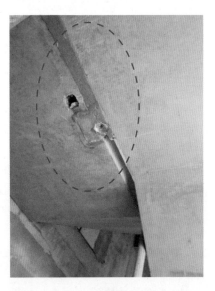

　　PC 构件设计和制造流程：第一步完成 PC 构件加工设计，第二步完成其模具加工设计，第三步完成模具加工，第四步使用模具完成批量 PC 构件加工，如图 3-23 所示。所以，PC 构件加工设计与其模具加工设计的一致性是必须要考虑的。PC 构件与其模具的设计与加工一般是由 2~3 个不同的单位完成。这中间极易因信息传递不够全面造成两者的设计不一致，因此，PC 构件成品极有可能与 PC 加工设计存在出入，如图 3-24 所示。我国大部分地区的 PC 构件设计人员一般不具备 PC 构件模具加工设计能力。

　　另外模具主要采用钢材制作，近年来随着国内中小钢厂的关闭，钢材价格不断增高，一吨模具售价高达 13000 元左右，这部分成本也包含在 PC 构件成本中。所以，对模具的工程量和成本的管控，也应是装配式建筑成本管控中要考虑的重要因素。

图 3-22　PC 楼梯之间缝隙过大

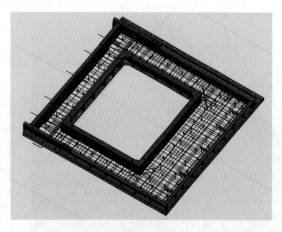

图 3-23　PC 外墙板模具及加工制作 BIM 模型

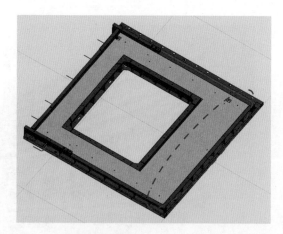

图 3-24　PC 外墙窗洞模具尺寸小于工艺图洞口设计尺寸

# 第 4 节　由设计工具和工作方式落后带来的问题

2016 年 9 月 27 日，国务院办公厅印发的《关于大力发展装配式建筑的指导意见》中明确要求："创新装配式建筑设计。统筹建筑结构、机电设备、部品部件、装配施工、装饰装修，推行装配式建筑一体化集成设计。推广通用化、模数化、标准化设计方式，积极应用建筑信息模型技术，提高建筑领域各专业协同设计能力，加强对装配式建筑建设全过程的指导和服务"。

目前，国内建筑企业普遍采用以二维 CAD 设计模式为主、三维 CAD 和 BIM 设计为辅的方式。基本没有设计企业施行正向 BIM 设计，在包括施工图阶段在内的前期设计仍以二维 CAD 设计为主，然后使用BIM 技术对二维施工图设计进行三维翻模，最后进行设计检查和深化设计。结构深化设计和 PC 构件深化设计以 AutoCAD 软件的二维 CAD 设计为主，部分企业使用 Revit 和 Tekla 软件。表 3-1 为建筑企业常用设计软件的概况。

表 3-1　建筑企业常用设计软件的概况

| 软件名称 | 功能简述 | 设计成果 | 覆盖范围 | 工程信息 | 空间关系 | 数据交互 |
|---|---|---|---|---|---|---|
| AutoCAD | 通用 CAD 设计，常用二维设计模块 | 二维图形 | 全专业 | 无 | 无 | 二维图形可导入常用设计软件 |
| Revit | 建筑、结构、机电等专业 BIM 设计 | 信息模型 | 全专业施工图、PC 构件深化设计 | 有 | 有 | 可导入 AutoCAD 和 Tekla 设计成果 |
| Tekla | 钢结构和混凝土结构深化 BIM 设计 | 信息模型 | 结构专业、PC 构件深化设计 | 有 | 有 | 可导入 AutoCAD 设计成果，不可导入 Revit 设计成果 |

极少设计企业建设了二维协同设计管理系统，基本没有 BIM 协同设计管理系统；少部分施工企业建设了项目级施工管理系统；建设单位基本没有自己的协同管理平台。建议建筑企业建设基于 BIM 技术的互联网协同管理系统，见表 3-2。

表 3-2　基于 BIM 技术的互联网协同管理系统

| 企业类型 | 设计协同管理系统 | 施工协同管理系统 | 运维协同管理系统 |
|---|---|---|---|
| 建设单位 | ★★★ | ★ | ★★ |
| 设计企业 | ★★★ | 无 | 无 |
| 施工企业 | ★★ | ★★★ | 无 |

注：重要程度以★数量表达，★★★为最重要，★★次之，★为重要。

综合当前建筑行业各企业的设计软件和协同管理系统使用情况，出现的主要问题如下：

1）AutoCAD 软件主要设计成果为手工绘制的二维图形，无工程信息，无法准确表达各专业构件在空间中的三维关系；各部分设计之间无法进行联动；项目参与各方、各专业间无法保证设计的即时性、一致性；即使采用三维协同设计系统，也无法完成全专业的协同设计。

2）Revit 软件设计文件过大，无法创建标准层的钢筋；钢筋绘制功能较弱，效率低；碰撞检查功能较简单，只能进行构件类别之间的碰撞检查，无法设置按构件位置进行碰撞检查；无钢筋碰撞检查功能；钢结构功能较弱，不适合进行 PC 构件钢模具的设计工作；其采用的 Revit Sever 协同设计系统，由于文件过大，效率较低，极易因为网络传输问题造成设计文件损坏。

3）Tekla 软件不支持 Revit 设计文件的导入，无法完成基于建筑、结构、机电和装饰等专业模型的结构深化设计和 PC 加工设计工作，极易带来施工阶段 PC 构件成品与其他专业构件的碰撞；需要再次完成结构模型创建才能进行结构深化设计，造成结构专业重复建模；Tekla 软件依赖其他软件公司的协同设计管理和运维管理系统。

由于当前采用的设计软件无法满足装配式建筑一体化设计需求，以及基本未使用基于 BIM 和互联网的协同管理系统，给装配式建筑的设计、生产和施工带来一些质量问题，如图 3-25~ 图 3-31 所示。

图 3-25　PC 墙钢筋与现浇墙柱之间的钢筋碰撞

图 3-26　PC 楼板钢筋与现浇梁板之间的钢筋碰撞

图 3-27　PC 外墙外伸钢筋之间碰撞干涉

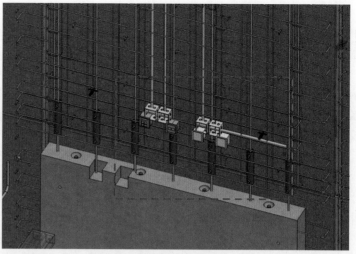

图 3-28　PC 外墙预留接线盒与精装修电气末端的设计冲突

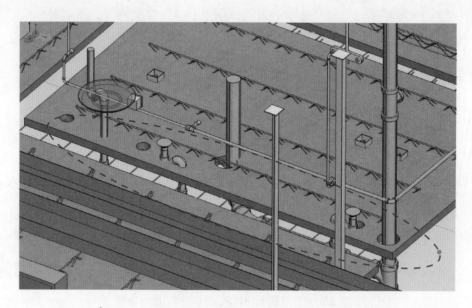

图 3-29　PC 楼板预留孔洞与给水排水专业管道设计的冲突

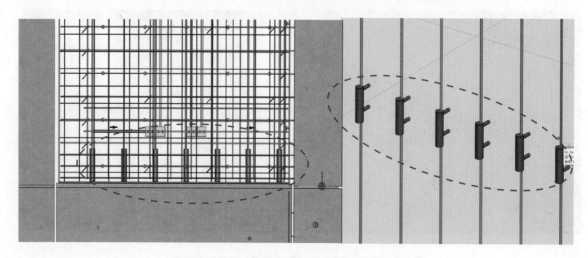

图 3-30　PC 外墙灌浆套筒与底部插筋的位置冲突

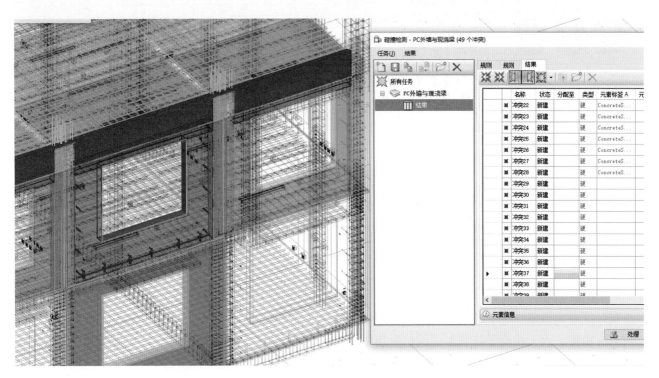

图 3-31　PC 外墙为墙、梁一体 PC 构件，现浇梁工程量重复统计

# 第 **4** 章

# BIM 技术概论

## 第 1 节　BIM 概念

1）BIM 技术是建筑业信息化中最基本、最主要的应用技术。建筑信息模型，英文全称 Building Information Modeling，简称 BIM。BIM 技术的核心是通过建立虚拟的建筑工程三维模型，利用数字化技术，为这个模型提供完整的、与实际情况一致的建筑工程信息库。该信息库不仅包含描述建筑物构件的几何信息、专业属性及状态信息，还包含了非构件对象（如空间、运动行为）的状态信息。借助这个包含建筑工程信息的三维模型，大大提高了建筑工程的信息集成化程度，从而为建筑工程项目的相关利益方提供了一个工程信息交换和共享的平台。

2）BIM 是一个设施（建设项目）物理和功能特性的数字表达；BIM 是一个共享的知识资源，是一个分享有关这个设施的信息、为该设施从概念到拆除的全生命周期中的所有决策提供可靠依据的过程；在设施的不同阶段，不同利益相关方通过在 BIM 中插入、提取、更新和修改信息，以支持和反映其各自职责的协同作业。

3）根据 BIM 技术在建筑产业应用的广度，可分为三个维度：

第一个维度是民用建筑信息模型。

第二个维度是包括民用建筑、工业建筑、交通建筑、能源建筑、水利建筑、邮电通信建筑等基础设施行业的建筑信息模型。除了民用建筑之外的建筑类型，与民用建筑最大的不同是功能的不同。例如，一个石化工厂厂区，存在大量的厂房、办公建筑、辅助建筑等，其最大的不同在于石化管道、厂用变电站等设施、设备。如果使用仅适用 BIM 软件中的给水排水管道来创建工业管道，将会给整个设计带来致命性的后果。

第三个维度是包括建筑信息模型在内的整个基础设施行业的工程信息模型（Engineering Information Modeling），也就是常说的大 BIM。

4）根据 BIM 技术在建筑产业应用的深度，可分为三个维度（图 4-1）。

第一个维度是运用信息技术将汇总、整合的工程数据三维可视化，形成工程数据库，BIM 是工程数据生产的过程。

第二个维度是运用信息技术对工程数据进行分析、优化、修正，形成三维可视化的工程信息库，BIM 是工程信息生产的过程。

第三个维度是将三维可视化的工程信息库用于工程管理、企业管理，甚至是产业管理，BIM 是工程信息管理的过程。

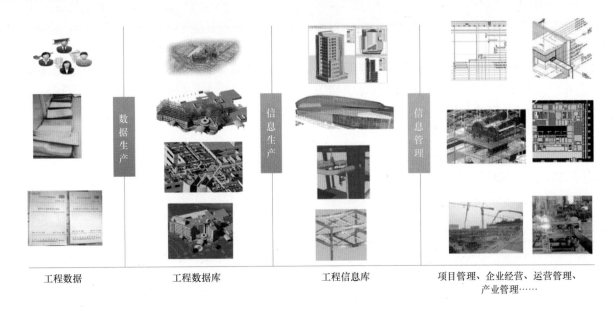

图 4-1　基于建筑产业应用深度的 BIM 三个维度

工程数据　　工程数据库　　工程信息库　　项目管理、企业经营、运营管理、产业管理……

# 第 2 节　BIM 与 CAD、CAE、CAM、PDM

## 一、CAD、CAE、CAM 和 PDM 的概念

### （一）CAD 的概念

CAD（Computer Aided Design）即计算机辅助设计。CAD 是指在设计中通常要用计算机对不同方案进行大量的计算、分析和比较，以决定最优方案；各种设计信息，不论是数字的、文字的或图形的，都能存放在计算机的内存或外存里，并能快速地检索；设计人员通常用草图开始设计，将草图变为工作图的繁重工作可以交给计算机完成；由计算机自动产生的设计结果，可以快速作出图形，使设计人员及时对设计做出判断和修改；利用计算机可以进行与图形的编辑、放大、缩小、平移、复制和旋转等有关的图形数据加工工作。

### （二）CAE 的概念

CAE（Computer Aided Engineering）即计算机辅助工程。CAE 是指用计算机辅助求解（采用一种近似数值分析方法）复杂工程和产品的结构强度、刚度、屈曲稳定性、动力响应、热传导、三维多体接触、弹塑性等力学性能并进行优化设计等。CAE 从 20 世纪 60 年代初在工程上开始应用到今天，已经历了 50 多年的发展历史，其理论和算法都经历了从蓬勃发展到日趋成熟的过程，现已成为工程和产品结构分析中（如航空、航天、机械、土木结构等领域）必不可少的数值计算工具，同时也是分析连续力学各类问题的一种重要手段。

### （三）CAM 的概念

CAM（Computer Aided Manufacturing）即计算机辅助制造。CAM 利用计算机辅助完成从生产准备到产品制造整个过程的活动，即通过直接或间接地把计算机与制造过程和生产设备相联系，用计算机系统进行制造过程的计划、管理以及对生产设备的控制与操作的运行，处理产品制造过程中所需的数据，控制和处理物料（毛坯和零件等）的流动，对产品进行测试和检验等。

### （四）PDM 的概念

PDM 是一门用来管理所有与产品相关信息（包括零件信息、配置、文档、CAD 文件、结构、权限信

息等）和所有与产品相关过程（包括过程定义和管理）的技术。通过实施 PDM，可以提高生产效率，有利于对产品的全生命周期进行管理，加强文档、图纸、数据的高效利用，使工作流程规范化。

PDM 从设计和管理层面，可分为两个维度。一是产品数据模型（Product Data Modeling），在计算机中创建工业产品的二维图形和三维模型，并赋予相关工程数据；二是产品数据管理（Product Data Management），通过管理产品模型和数据，实现对工业产品全生命周期（PLM）的管理。

## 二、BIM 与 CAD、CAE、CAM、PDM

### （一）BIM 与 CAD

我国建筑行业内存在一个认识误区，即认为 CAD 设计就是二维设计，一些人把 CAD 等同于 AutoCAD 软件。实际上，CAD 不仅仅包括二维设计，也包括三维设计。常见的 CAD 软件，如 Autodesk AutoCAD、Bentley MicroStation、Trimble SketchUp、Robert McNeel & Assoc Rhino 等。所以，AutoCAD 是 CAD 软件，但 CAD 不是 AutoCAD。

BIM 技术是在 CAD 技术基础上发展而来的。仅从设计层面上看，BIM 技术属于 CAD 技术，BIM 设计软件属于 CAD 软件。CAD 模型与 BIM 模型最大的不同在于其模型仅有几何信息、属性信息，没有工程信息。BIM 模型 = CAD 模型 + 工程信息。

### （二）BIM 与 CAE

建筑设计需要对建筑结构、空间能耗、机电系统等进行相应的工程分析，此部分属于 CAE 范畴。BIM 软件可以细分为设计、分析、模拟、算量、造价、可视化等几大类，其中分析类软件属于 CAE 软件。

### （三）BIM 与 CAM

CAM 是建筑工业化重要的技术，建筑部品、部件离不开 CAM 技术。如基于信息模型技术的 PC 构件的加工设计与制造，在专业上属于 BIM 范畴，在流程上属于 CAM 范畴。建筑工业化的质量和效率，需要打通 BIM 与 CAM 的数据通道，形成成熟的技术解决方案。目前，BIM 与 CAM 技术尚存在技术瓶颈，需要借鉴工业领域的理念推进 BIM 技术研发。

### （四）CAD 与 PDM

PDM 技术也是从 CAD 技术发展而来的，其设计成果也是二维图形和三维模型。所以，PDM 模型 = CAD 模型 + 产品数据。

### （五）BIM 与 PDM

BIM 和 PDM 都是信息模型或数据模型，都强调对产品数据或信息的管理。不同在于，BIM 面向建筑各专业，PDM 面向工业产品。某个建筑专业部件或设备的信息模型，既是 BIM，也是 PDM。换言之，BIM 就是建筑业的 PDM。

# A+B 装配式混凝土结构建筑 BIM 技术体系

## 第 1 节 A+B 装配式混凝土结构建筑 BIM 技术体系概要

### 一、"A+B 装配式混凝土结构建筑 BIM 技术体系"简介

"A+B 装配式 BIM 应用技术体系"是根据当前主流的 BIM 设计软件开发的一套面向建筑、交通、水利、电力、核能、工厂等行业的装配式 BIM 应用技术体系。"A+B 装配式 BIM 应用技术体系"是目前国内一套全专业、全流程、一体化、集成化的装配式 BIM 应用技术体系，包括应用流程、建模标准、数据交互、设计检查、施工模拟、三维可视化、交互标准、协同管理等内容。

"A+B 装配式 BIM 应用技术体系"中的"A"指的是 Autodesk 公司的以 Revit 软件为主的 BIM 技术体系，"B"指的是 Bentley 公司的以 ProStructures 软件为代表的 BIM 技术体系。"A+B"指的是结合 Autodesk Revit 软件在场地、建筑、结构、机电等专业设计的优势，与 Bentley ProStructures 软件在 PC 构件、PC 模具和结构深化等专业的设计优势，优势互补、叠加，打通两者的 BIM 数据传递通道，最终实现装配式建筑全过程、全专业的一体化 BIM 设计。

"A+B 装配式 BIM 应用技术体系"分成民用建筑和工业建筑两个装配式 BIM 应用技术体系，并拥有成熟的、经过实际项目验证和教学实践的完整的课程体系。

### 二、"A+B 装配式混凝土结构建筑 BIM 技术体系"应用流程图

装配式建筑全专业、全过程 BIM 技术应用流程图如图 5-1 所示。

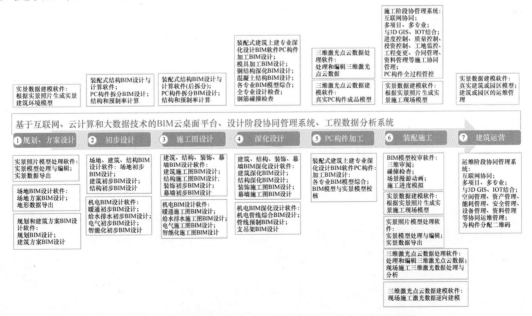

图 5-1 装配式建筑全专业、全过程 BIM 技术应用流程图

1）装配式建筑建设和运营过程可分为设计、建造和运维三个阶段。设计阶段包括规划设计、方案设计、初步设计和施工图设计四个阶段；建造阶段包括深化设计、PC 构件加工和装配施工三个阶段；运维阶段包括建筑运营和维护两个业务模块。

2）装配式建筑建设和运营过程涉及专业包括（但不限于）规划、场地、建筑、结构、暖通、给排水、电气、智能化、装饰、幕墙、PC 构件、二次结构、机电安装、管线预制、模具等。

## 三、"A+B 装配式混凝土结构建筑 BIM 技术体系"协同管理系统应用流程

1）根据装配式建筑建设过程，协同管理系统分为设计协同管理平台、建造协同管理平台和运维协同管理平台。设计协同管理平台向建造协同管理平台和运维协同管理平台无损交付设计数据、设计模型；建造协同管理平台和运维协同管理平台底层为同一图形平台，实现工程数据统一管理。

2）从服务建设阶段来看，设计协同管理平台贯穿装配式建筑建设全过程，建造协同管理平台服务于施工阶段，运维协同管理平台服务于建筑或园区运维阶段。从服务对象来看，协同设计管理平台服务于建设全过程的所有参与方和专业团队，建造协同管理平台仅服务于建造阶段的参与方和专业团队，运维协同管理平台仅服务于运维阶段的参与方和专业团队。

## 四、"A+B 装配式混凝土结构建筑 BIM 技术体系"应用思路

遵循"一个统一、两个方向、三个重点"原则，研究装配式建筑一体化集成 BIM 设计技术，研究基于 BIM、物联网等技术的协同管理，实现对装配式建筑建设全过程的指导和服务。

### （一）"一个统一"

"一个统一"是指研究装配式建筑全专业、全过程的 BIM 应用技术。

1）全专业是装配式建筑设计、建造和运维过程中的全专业（建筑、结构、机电、装饰、PC 构件、机电安装等专业）BIM 应用技术。

2）全过程是指建筑、结构、机电、装饰、PC 构件、机电安装等专业的全过程（设计、建造和运维等阶段）BIM 应用技术。

### （二）"两个方向"

"两个方向"是指具体研究装配式建筑全专业的一体化集成 BIM 设计技术和研究装配式建筑全过程的协同管理技术。

1）装配式建筑全专业的一体化集成 BIM 设计技术是以 BIM 设计技术为主体，CAD 和逆向工程设计技术为辅助，研究基于设计软件自身的数据交互为基础的协同设计。

2）装配式建筑全过程的协同管理技术是研究基于互联网协同工作平台的 BIM 集成设计系统以及各阶段的协同工作管理系统，实现对设计、建造和运维等阶段各专业的协同管理。

### （三）"三个重点"

"三个重点"是指研究装配式建筑土建、机电专业的一体化集成 BIM 应用技术，以及 BIM 与逆向工程设计技术的综合应用。

1）第一个研究重点是研究 PC 构件加工、PC 构件模具和现浇结构深化（主要是钢筋深化）的一体化集成 BIM 设计，通俗意义是指在一个 BIM 设计软件上完成这三个专业的 BIM 设计。

2）第二个研究重点是研究机电全专业（包括暖通、给排水、电气、智能化等专业）、机电安装和管线预制的一体化集成 BIM 设计，通俗意义是指在一个 BIM 设计软件上完成这三个专业的 BIM 设计。

3）第三个研究重点是研究逆向工程设计（包括实景数据采集、分析和逆向建模）技术、BIM 技术在装配式建筑设计、建造和运维等阶段的综合应用技术。

# 第 2 节　A+B 装配式混凝土结构建筑 BIM 技术体系软件、硬件配置

## 一、装配式建筑拆分和结构计算软件——PKPM

装配式建筑设计软件 PKPM-PC（图 5-2），包含了两部分内容：第一部分结构分析部分，在 PKPM 传统结构软件中，实现了装配式结构整体分析及相关内力调整、连接设计等部分内容；第二部分，在 BIM 平台下实现了装配式建筑的精细化设计，包括预制构件库的建立、三维拆分与预拼装、碰撞检查、预制率统计、构件加工详图、材料统计、BIM 数据接力到生产加工设备。

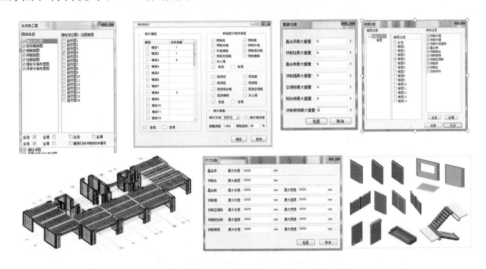

图 5-2　PKPM 软件部分功能与建模成果

## 二、装配式建筑拆分和结构计算软件——YJK

YJK（图 5-3）系统是一套全新的集成化建筑结构辅助设计系统，功能包括结构建模、上部结构计算、基础设计、砌体结构设计、施工图设计和接口软件六大方面。它主要针对当前普遍应用的软件系统中亟待改进的方面和《混凝土结构设计规范》（GB 50010—2010）中大量新增的要求而开发，在优化设计、节省材料、解决超限等方面提供系统的解决方案。YJK 与 Revit 软件之间有更完善的数据传递接口。

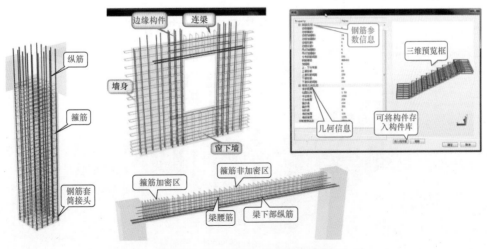

图 5-3　YJK 部分功能与建模成果

## 三、建筑、结构、机电、装饰、场地综合 BIM 设计软件——Revit

Revit 提供支持建筑设计、MEP 工程设计和结构工程的工具，用于完成建筑、结构、机电、装饰、场地等专业的 BIM 设计，以及碰撞检查、设计文档、工程算量等工作，如图 5-4~图 5-6 所示。Revit 是我国建筑业使用最广泛的 BIM 软件之一。

图 5-4　Revit 软件创建的建筑和结构专业 BIM 设计模型

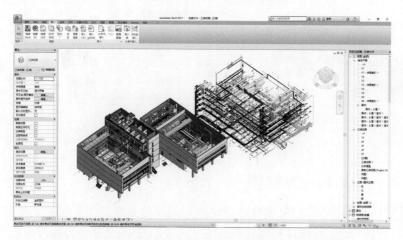

图 5-5　Revit 软件创建的结构和机电专业 BIM 设计模型

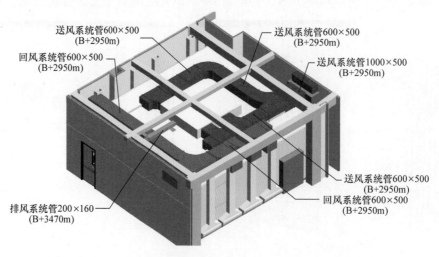

图 5-6　Revit 软件创建的多专业三维节点 BIM 设计模型

## 四、建筑、结构、机电专业 BIM 设计软件——鸿业 BIMSpace

鸿业 BIM Space（图 5-7）是基于 Revit 软件开发的针对建筑全专业的 BIM 设计软件，包括建筑、结构、暖通、给水排水和电气等专业模块。BIM Space 也提供了对模型的分析处理，按照国家规范、设计经验及制图标准，实现批量、自动建模功能，如一键平面图、一键立面图、地库灯具、烟感点位自动布置、户内照明自动布置及连接等。BIM Space 实现了 Revit 软件的中国化，满足中国设计规范，符合中国设计习惯。

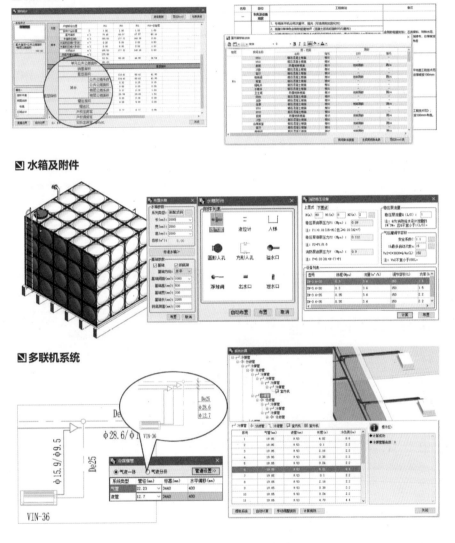

图 5-7　BIM Space 部分功能展示

## 五、机电专业深化 BIM 设计软件——鸿业蜘蛛侠

鸿业蜘蛛侠是一款基于 Revit 软件开发的机电专业方案、深化、安装的综合 BIM 设计软件，主要包含给水排水、暖通、电气、消防等专业的建模类功能、管综调整、支吊架布置、校核计算、标注出图、工程量统计等功能，如图 5-8~图 5-10 所示。

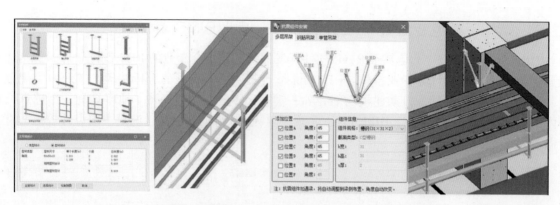

图 5-8　鸿业蜘蛛侠创建的支吊架 BIM 设计模型

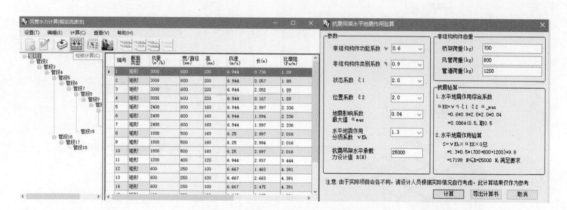

图 5-9　鸿业蜘蛛侠的机电专业计算

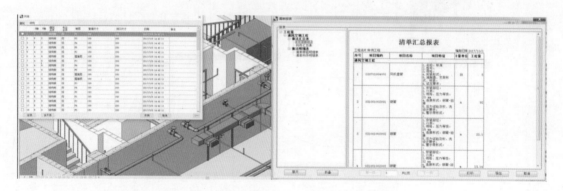

图 5-10　鸿业蜘蛛侠的机电管线工程量统计

## 六、PC 构件、PC 构件模具和结构深化综合 BIM 设计软件——Bentley ProStructures

Bentley ProStructures（简称 PS）是一款结构深化设计软件，包括钢结构、混凝土结构、三维建模三个功能模块，用于完成钢结构、混凝土结构、钢筋、PC 构件、模具等专业的 BIM 设计，以及碰撞检查、设计文档、工程算量等工作，如图 5-11~图 5-13 所示。Bentley ProStructures 最大的特点是设计文件极小，使用图层来管理各个构件，可以按图层进行碰撞检查。Bentley ProStructures 是我国工程行业应用最广泛的结构深化设计 BIM 软件之一。

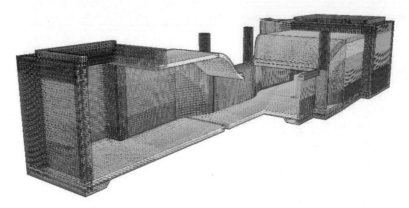

图 5-11　Bentley ProStructures 创建的结构深化设计 BIM 模型

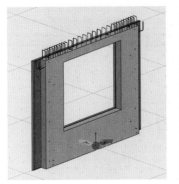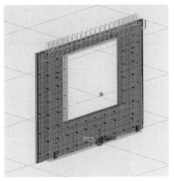

图 5-12　Bentley ProStructures 创建的 PC 构件加工设计 BIM 模型

图 5-13　Bentley ProStructures 创建的 PC 构件模具加工设计 BIM 模型

## 七、实景数据采集设备——无人机（含倾斜摄影设备）

倾斜摄影技术是国际测绘领域近些年发展起来的一项高新技术，颠覆了以往正射影像只能从垂直角度拍摄的局限，通过在无人机（图 5-14、图 5-15）飞行平台上搭载多台传感器，同时从一个垂直、四个倾斜等五个不同的角度采集影像（图 5-16），将用户引入了符合人眼视觉的真实直观世界。通过无人机既能真实地反映地物情况，高精度地获取物方纹理信息，还可通过先进的定位、融合、建模等技术，生成真实的三维城市模型。

图 5-14　旋转翼无人机

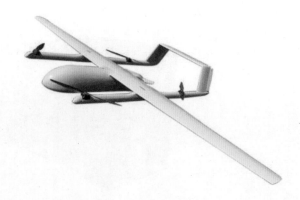

图 5-15　固定翼无人机

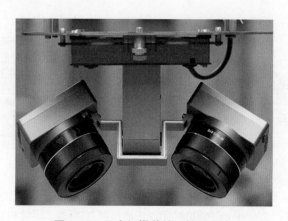

图 5-16　无人机搭载的双镜头云台

## 八、实景数据采集设备——三维激光扫描仪

三维激光扫描技术又被称为实景复制技术，是测绘领域继 GPS 技术之后的一次技术革命。它突破了传统的单点测量方法，具有高效率、高精度的独特优势。三维激光扫描技术能够提供扫描物体表面的三维点云数据，因此可以用于获取高精度高分辨率的数字地形模型。三维激光扫描仪（图 5-17、图 5-18）通过高速激光扫描测量的方法，大面积高分辨率地快速获取被测对象表面的三维坐标数据，可以快速、大量的采集空间点位信息，为快速建立物体的三维影像模型（图 5-19）提供了一种全新的技术手段。三维激光扫描技术具有快速性，不接触性，实时、动态、主动性，高密度、高精度，数字化、自动化等特性。

图 5-17　三维激光扫描仪

图 5-18　手持式三维激光扫描仪

图 5-19　古建筑的三维激光点云模型

## 九、实景照片建模软件——Bentley Context Capture

Bentley Context Capture（简称CC）需要以一组对静态建模主体从不同的角度拍摄的数码照片或点云作为输入数据源。CC可加入各种可选的额外辅助数据：传感器属性（焦距、传感器尺寸、主点、镜头失真）、照片的位置参数（如GPS）、照片姿态参数（如INS）、控制点等。无须人工干预，CC可在几分钟或数小时的计算时间内，根据输入数据的大小，输出高分辨率的带有真实纹理的三角网格模型。CC所输出的三维网格模型能够准确、精细地复原出建模主体的真实色泽、几何形态及细节构成，如图 5-20 所示。

图 5-20　基于无人机航拍照片生成的办公楼实景模型

## 十、实景模型处理软件——Bentley Context Capture Edit

Bentley Context Capture Edit（图 5-21）是一款专门针对 Context Capture 软件生成的实景模型进行处理和编辑的软件。其功能有：通过使用实景网格来创建实景模型的横截面（图 5-22）；在任何轴上生成正射影像；利用矢量几何图形和图像的任意组合生成三维 PDF 和 i-model；进行专题可视化和日光研究；生成用于 LumenRT 的可视化就绪模型；与 DGN、DXF、DWG、Rhino、SKP、SHP 和其他数据进行聚合与集成；从实景网格或点云中提取特征；在三维背景中可视化地理信息；使用平剖图像对不含颜色信息的点云进行着色等。

图 5-21　Bentley Context Capture Edit 软件界面

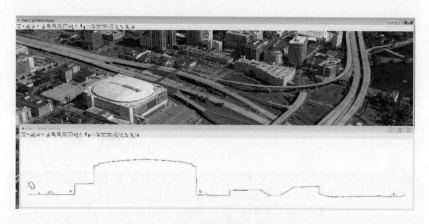

图 5-22　剖切实景模型生成横截面

## 十一、场地和市政交通设计软件——Bentley OpenRoads Designer

　　Bentley OpenRoads Designer（图 5-23）引入全新的综合建模环境，提供以施工驱动的工程设计，有助于加快路网项目交付，统一从概念到竣工的设计和施工过程。该应用程序提供完整且详细的设计功能，适用于勘测、排水、地下设施和道路设计。

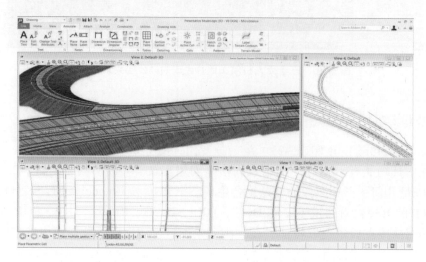

图 5-23　Bentley OpenRoads Designer 软件界面

## 十二、三维激光点云处理与分析软件——Trimble RealWorks

Trimble Realworks（图 5-24）是一款用于三维激光点云处理和分析的软件。其主要功能包括：自动识别室内构件如地板、天花板、墙体等并进行分类；自动识别室外地面、建筑、杆柱与标识、电力线、高植被等并进行分类；支持与 BIM 文件交互检查，提供现场点云（现状）和 BIM 模型（设计）多种偏差比较工具；具有多种快捷的点云测量工具；兼容主要品牌扫描仪的原始数据格式，支持多种格式文件的输出；自动生成等高线；自动纵横切面工具；提供快捷轮廓曲线工具；提供 CAD 图与点云对比、点云与模型面与面的对比、点云与模型三维的对比、检测图分析工具等；支持一键导出管道中心线；自带视频创建工具，可生成高清晰高质量的点云漫游视频。

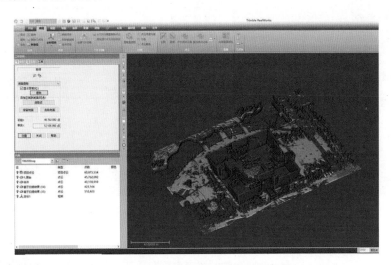

图 5-24　Trimble Realworks 软件界面

## 十三、三维激光点云建模软件——Trimble EdgeWise

Trimble EdgeWise（图 5-25）是一款可以将三维激光点云自动创建为三维模型的逆向建模软件。其主要功能包括：自动识别点云特征，进行自动逆向建模，生成建筑、结构、管道等构件；逆向模型可直接导入 SketchUp、Tekla、CAD、Revit 等市面主流 BIM 软件；有便捷的截面检查工具，可批量对所有基于点云生成的构件进行直观、清晰、快速的检查，以保证逆向的精度；自动对所有逆向生成的构件进行编号，并可以方便地查看每个构件的详细尺寸信息；可自动搜索指定方向上等间隔的相同构件，并自动创建生成。

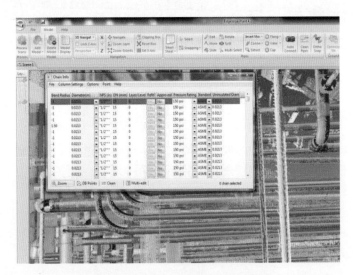

图 5-25　Trimble EdgeWise 软件界面

## 十四、三维可视化软件——Bentley LumenRT/Lumion

Bentley LumenRT（图 5-26）是一款三维可视化设计软件，无缝集成 CAD 和 GIS 工作流，在 Bentley BIM 设计软件中可以一步创建三维可视化场景。可在 LumenRT 中添加生物和自然环境模型，创建真实三维环境，进行效果图渲染，创建电影质感的动画和虚拟现实浏览文件。Lumion 软件（图 5-27）功能与 LumenRT 基本相同。

图 5-26　Bentley LumenRT 软件界面

图 5-27　Lumion 软件创建的效果图

## 十五、基于互联网的协同设计管理平台——Bentley ProjectWise

设计协同管理平台 Bentley ProjectWise 贯穿装配式建筑建设全过程，是协同工作平台或工程内容管理平台，实现了对 CAD 和 BIM 文件的高效管理，并且形成统一环境，使各个专业都在该环境下工作，实现协同设计。

ProjectWise 可实现在设计和建造阶段的各参与方、各专业通过互联网访问中心服务器的设计资源库，使用设计协同管理平台的客户端登录 CAD 和 BIM 设计软件进行设计，所有设计成果保存于中心服务器，在设计协同管理平台网页端完成设计成果的交付、审核和管理，如图 5-28 所示。

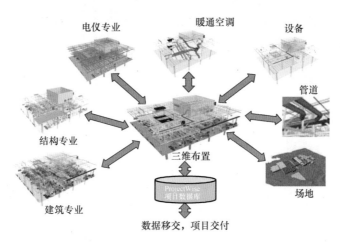

图 5-28　基于 BIM 模型和数据库的协同设计管理系统

### （一）基于 ProjectWise 的企业信息化架构

基于 ProjectWise 的企业信息化架构如图 5-29 所示。

图 5-29　ProjectWise 的企业信息化架构

### （二）ProjectWise 应用方式

（1）设计机构全院的设计管理平台　包括：全部项目；全部设计、管理人员；全部工程内容、设计成果。

（2）管理单个大型项目　可实现远程异地协作，管理不同参与方的项目内容；整合项目团队资源，远程、异地协作；沟通与共享，项目协作；工程内容的发布。

（3）建设单位用作工程信息管理中心　可实现收集和管理整个生命周期的工程建造信息；连接各个分包商和施工现场；项目移交管理；建设数据用于设施运维管理。

### （三）ProjectWise 系统架构

（1）ProjectWise 系统架构图示　ProjectWise 系统架构图如图 5-30 所示。

（2）ProjectWise 工作方式

1）在设计机构总部、工程项目总承包单位总部或建设单位总部布置 ProjectWise 集成服务器、打印服务器、Web 服务器、Web View 服务器。

2）各个分部或工程参与方布置 ProjectWise 文件缓存服务器、打印服务器，也可以只布置 ProjectWise 文件缓存服务器。

3）安装常用的 BIM 和 CAD 软件 ProjectWise 接口，在 ProjectWise 集成服务器或文件缓存服务器上建设工作资源库，如族库、工程内容、设计标准保存，实现 ProjectWise 对 CAD 和 BIM 软件的托管。目前可被 ProjectWise 托管的 BIM 和 CAD 软件如图 5-31 所示。

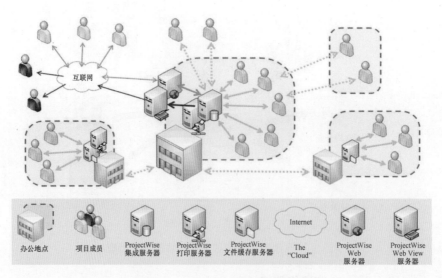

图 5-30　ProjectWise 系统架构图

图 5-31　ProjectWise 支持托管的软件

4）总部设计师和工程师通过使用被 ProjectWise 托管的 CAD 和 BIM 软件，调用 ProjectWise 集成服务器中的工作资源进行协同设计，以及浏览、审批、校核等管理工作。工程内容和设计成果保存于 ProjectWise 集成服务器中，保证数据源的唯一性和准确性。

5）各个分部或工程参与方的设计师和工程师，通过使用被 ProjectWise 托管的 CAD 和 BIM 软件，调用 ProjectWise 文件缓存服务器中的工作资源进行协同设计，以及浏览、审批、校核等管理工作。工程内容和设计成果保存于 ProjectWise 文件缓存服务器中，保证数据源的唯一性和准确性。

6）各个分部或工程参与方的设计师和工程师，也可通过互联网访问 ProjectWise Web 服务器，调用 ProjectWise 集成服务器中的工作资源进行协同设计，以及浏览、审批、校核等管理工作。工程内容和设计成果保存于 ProjectWise 集成服务器中，保证数据源的唯一性和准确性。

7）各个分部或工程参与方的设计师和工程师，通过互联网访问 ProjectWise Web View 服务器，搜索、查询、浏览存储于 ProjectWise 集成服务器中的设计成果。

**（四）ProjectWise 协同工作流程**

（1）在 ProjectWise 中进行项目设置。

1）建立项目树形文件结构，如图 5-32 和图 5-33 所示。

图 5-32　ProjectWise 项目树形文件结构（一）

图 5-33　ProjectWise 项目树形文件结构（二）

2）设置自动文件编码和命名流程规则，如图 5-34 所示。

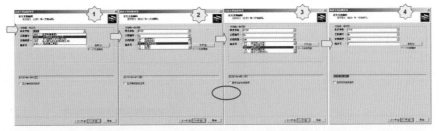

图 5-34　ProjectWise 自动文件编码和命名流程规则

3）建立项目立项申请和审批过程管理流程，如图 5-35 和图 5-36 所示。

图 5-35　ProjectWise 建立项目

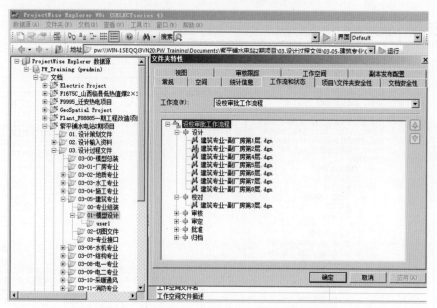

图 5-36　ProjectWise 建立审批过程管理流程

4）建立项目设计校审流程，如图 5-37 和图 5-38 所示。

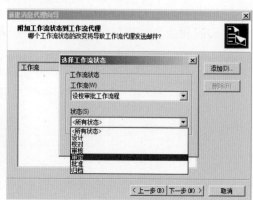

图 5-37　ProjectWise 建立设计校审流程（一）

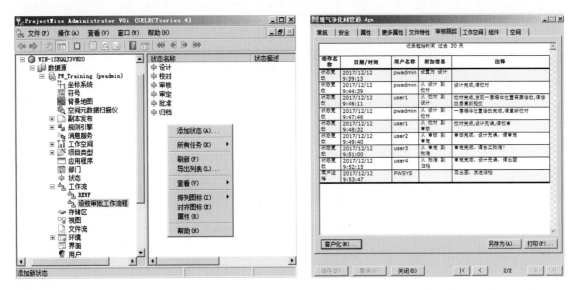

图 5-38　ProjectWise 建立设计校审流程（二）

5）配置各参与方、各专业的人员分工、项目模板，如图 5-39 和图 5-40 所示。

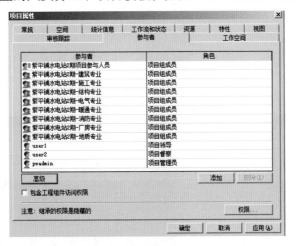

图 5-39　ProjectWise 配置各参与方、各专业的人员分工

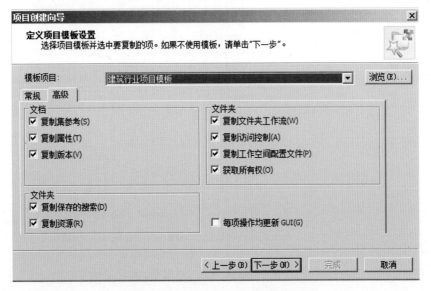

图 5-40　ProjectWise 配置项目模板

（2）项目与地理信息关联　通过地图搜索、查阅项目文件，如图 5-41 和图 5-42 所示。

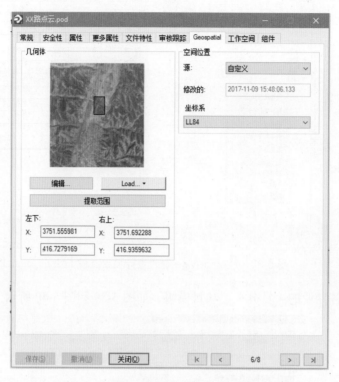

图 5-41　ProjectWise 将项目与地理信息关联

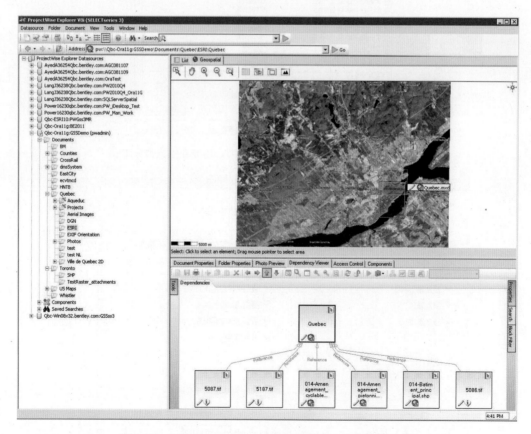

图 5-42　利用 ProjectWise 内置地图搜索、查阅项目文件

（3）创建统一的 BIM 设计标准和内容库，如图 5-43 和图 5-44 所示。

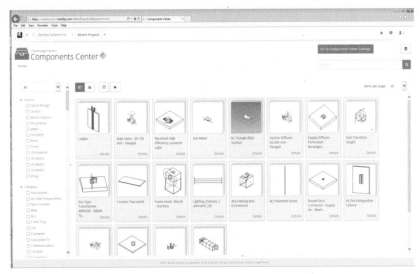

图 5-43　ProjectWise 创建统一的 BIM 设计标准和内容库（一）

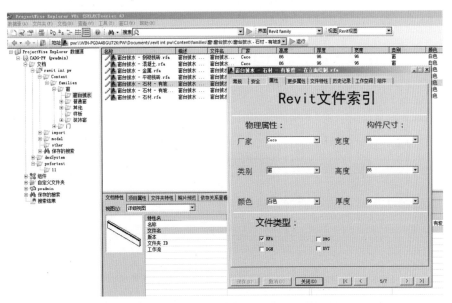

图 5-44　ProjectWise 创建统一的 BIM 设计标准和内容库（二）

（4）创建统一的 CAD 设计标准和内容库，如图 5-45 所示。

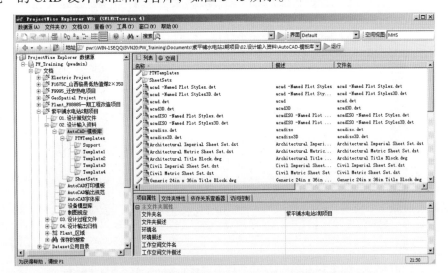

图 5-45　ProjectWise 创建统一的 CAD 设计标准和内容库

（5）在 ProjectWise 中心服务器中选择专业样板文件创建 Revit 中心文件进行 BIM 设计，如图 5-46 和图 5-47 所示。

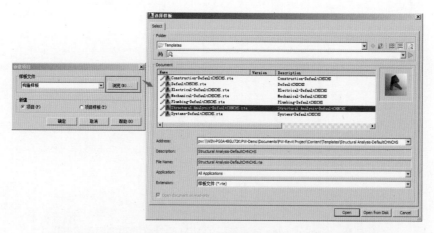

图 5-46　调用 ProjectWise 中心服务器中的 Revit 项目样板文件

图 5-47　在 Revit 软件中创建工作集

（6）在 ProjectWise 中心服务器中选择专业样板，创建 AutoCAD 中心文件进行 CAD 设计，如图 5-48 所示。

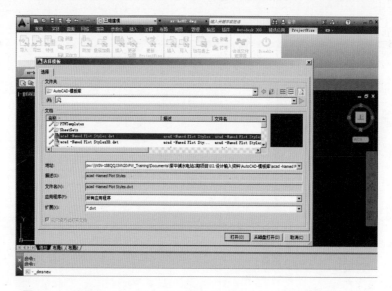

图 5-48　调用 ProjectWise 中心服务器中的 AutoCAD 项目样板文件

（7）在 ProjectWise 客户端中管理项目文件参考关系，如图 5-49 所示。

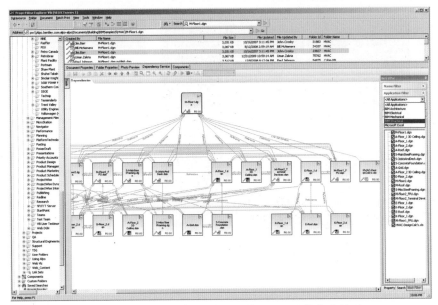

图 5-49　ProjectWise 客户端中管理项目文件参考关系

（8）通过浏览器进行图纸共享、浏览、漫游和批注，如图 5-50 和图 5-51 所示。

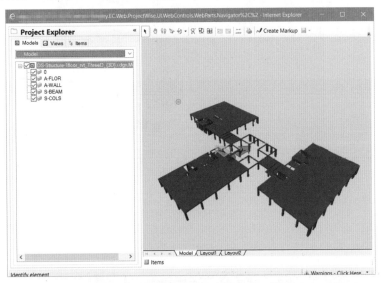

图 5-50　在浏览器进行图纸共享、浏览

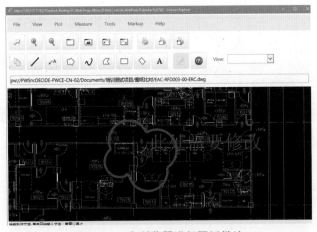

图 5-51　在浏览器进行图纸批注

（9）通过 ProjectWise 手机 APP 进行图纸共享、浏览、漫游和批注，如图 5-52 和图 5-53 所示。

图 5-52 在 APP 中进行项目文件共享、浏览

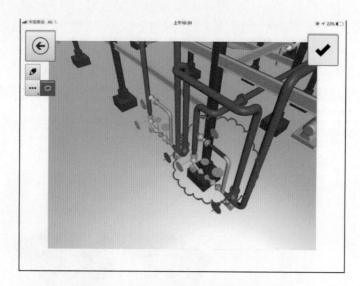

图 5-53 在 APP 中进行 BIM 模型批注

（10）通过 ProjectWise 客户端进行各版本间的图纸和模型智能比对，如图 5-54 和图 5-55 所示。

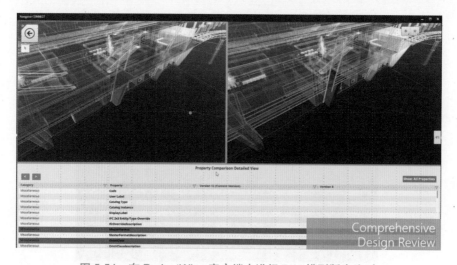

图 5-54 在 ProjectWise 客户端中进行 BIM 模型版本比对

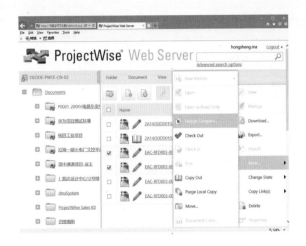

图 5-55　在 ProjectWise 客户端中进行 CAD 图纸版本比对

（11）通过 ProjectWise 进行设计校审的流程。

1）使用 ProjectWise 客户端创建文件发送包，如图 5-56 和图 5-57 所示。

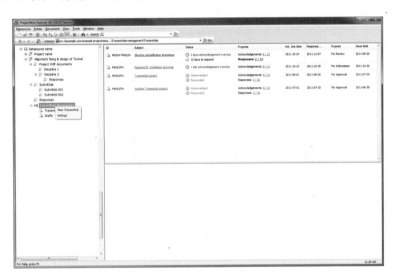

图 5-56　使用 ProjectWise 客户端创建文件发送包（一）

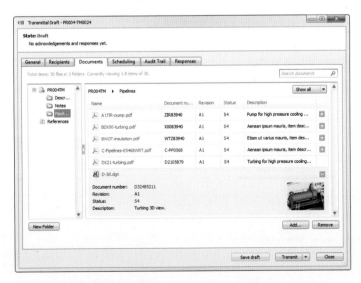

图 5-57　使用 ProjectWise 客户端创建文件发送包（二）

2）自动生成文件发送包 PDF 传送单，并存档，如图 5-58 所示。

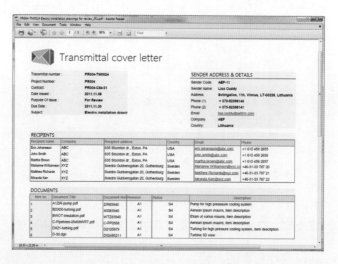

图 5-58　ProjectWise 客户端自动生成文件发送包 PDF 传送单

3）接收人收到系统发送的邮件通知，下载后自动发送回执，如图 5-59 和图 5-60 所示。

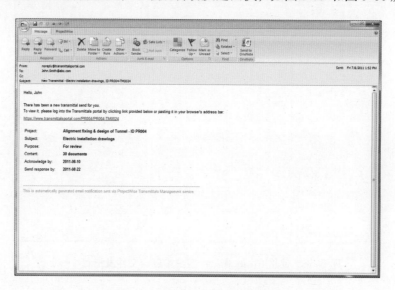

图 5-59　ProjectWise 发送的邮件通知

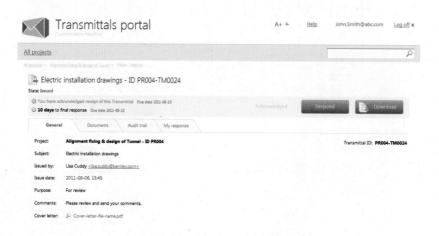

图 5-60　ProjectWise 自动发送回执

4）接收人进行设计校审，添加审阅意见，系统将反馈锁定，如图 5-61 和图 5-62 所示。

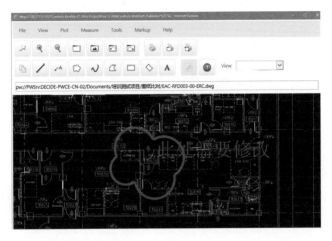

图 5-61　在 ProjectWise 客户端中添加审阅意见

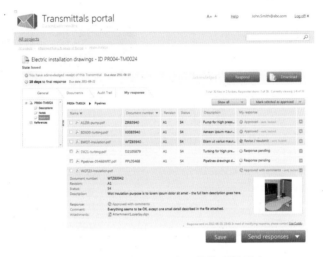

图 5-62　ProjectWise 系统将反馈锁定

5）设计文件校审完成后，生成报告，以供查询，如图 5-63 所示。

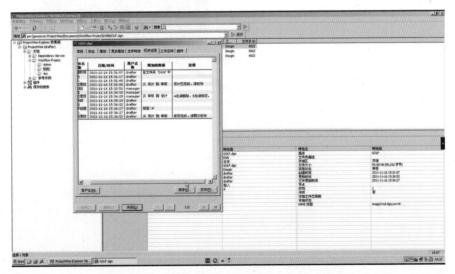

图 5-63　ProjectWise 在校审完成后生成报告

6）用 ProjectWise 客户端追踪文件传送状态和反馈，如图 5-64~ 图 5-67 所示。

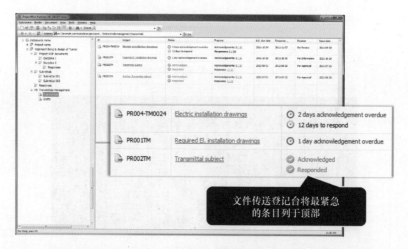

图 5-64　ProjectWise 客户端追踪文件传送状态和反馈（一）

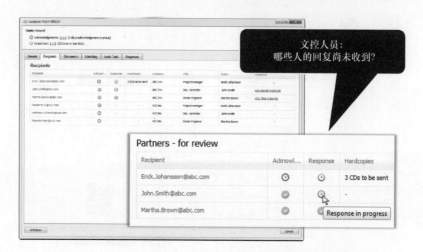

图 5-65　ProjectWise 客户端追踪文件传送状态和反馈（二）

图 5-66　ProjectWise 客户端追踪文件传送状态和反馈（三）

图 5-67  ProjectWise 客户端追踪文件传送状态和反馈（四）

（12）通过 ProjectWise 对单个或多个文件进行提资操作，如图 5-68 和图 5-69 所示。

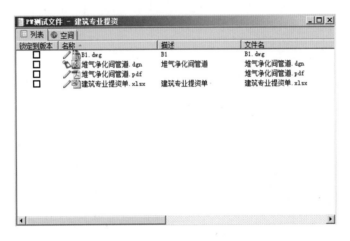

图 5-68  ProjectWise 对单个或多个文件进行提资（一）

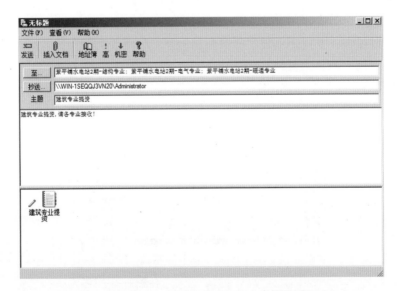

图 5-69  ProjectWise 对单个或多个文件进行提资（二）

（13）通过 ProjectWise 对多个文件进行批量打印操作，如图 5-70 所示。

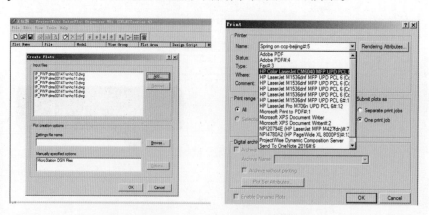

图 5-70　ProjectWise 文件进行批量打印

（14）文档与权限管理。ProjectWise 为不同成员设置相应的创建、读取、写入、删除等权限，如图 5-71 所示。

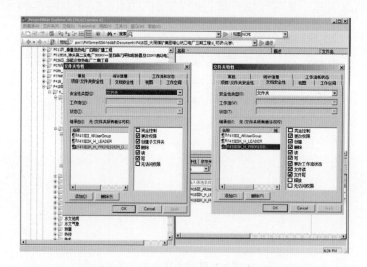

图 5-71　ProjectWise 文件夹权限管理

（15）图纸变更和文档版本管理。ProjectWise 完成记录同一文件的变更过程，并生成不同的版本文件，只有当前有效的版本可以编辑，支持历史版本的回溯和回复，如图 5-72 和图 5-73 所示。

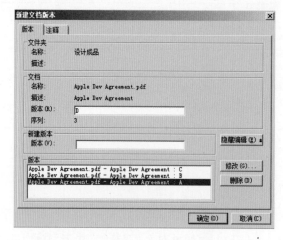

图 5-72　ProjectWise 文档版本管理（一）

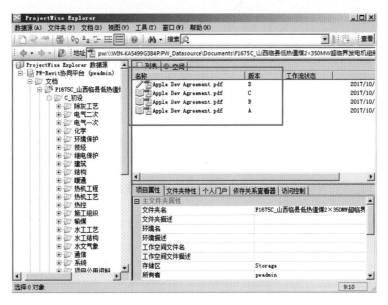

图 5-73　ProjectWise 文档版本管理（二）

（16）ProjectWise 文件增量传输工具。当文件改变时，网络传输仅需传送改变部分，无须传送整个文档，以提高文档访问速度。在统一网络环境下，使用增量传输和未使用增量传输的网络传输速度对比，见表 5-1。

表 5-1　ProjectWise 增量传输和未使用增量传输的网络传输速度对比

| 文件 | 操作 | 文件大小 | 不使用增量传输 / 秒 | 使用增量传输 / 秒 | 速度提升的百分比 |
|------|------|---------|----------------|---------------|----------------|
| A | 检出 | 20MB | 156 | 5 | ~30x |
| A | 检入 | 20MB | 289 | 5 | ~55x |
| B | 检出 | 2MB | 34 | 2 | ~17x |
| B | 检入 | 2MB | 28 | 6 | ~4.5x |

（17）ProjectWise 安全访问控制，如图 5-74 所示。每个用户有自己的登录名和密码，不同的用户登录后根据所具有的权限进行内容的访问和操作，加强了可控制性，保证了具有适当权限的人能够访问适当的信息。登录用户和密码，可以与 Windows 域用户（AD）集成，实现单点登录。

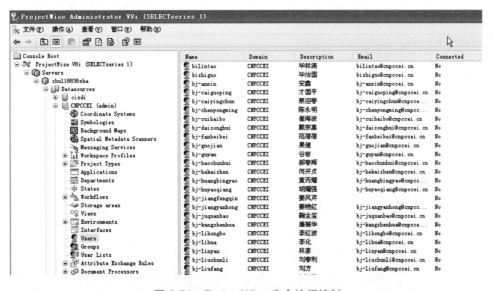

图 5-74　ProjectWise 安全访问控制

## 十六、基于互联网、物联网技术的建造协同管理平台——Ubim

1）Ubim 是一个企业级、多项目、多参建方协同管理平台（图 5-75），同时也适用于单个项目精细化管理。整个平台主要由两部分组成：第一部分是 GIS 部分，主要给管理者使用，可帮助管理团队快速了解企业所有项目的宏观统计信息，了解进度、质量、安全情况，辅助领导决策；第二部分为项目部分，主要给具体工程人员使用，实现项目在投资、进度、质量、安全、变更等方面的精细化管理。

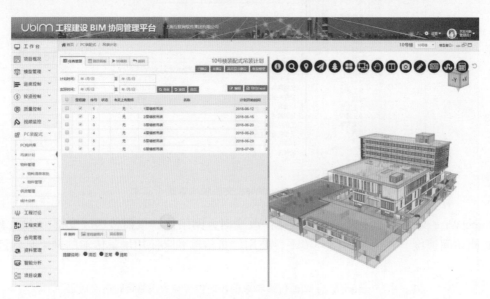

图 5-75 Ubim 平台界面

2）Ubim 平台功能见表 5-2。

表 5-2 Ubim 平台功能

| 一级模块 | 二级模块 | 功能点 | 功能描述 |
|---|---|---|---|
| 登录首页 | 平台登录退出 | 平台登录退出 | 基于 Chrome、Firefox、IE11 浏览器登录 |
| GIS 首页 | 项目定位 | 项目分类搜索 | 按省份、项目规模等进行搜索 |
| | | 项目定位跳转 | — |
| | 项目总览 | 项目总览 | 查看所有 BIM 项目的投资、进度、质量、安全统计数据 |
| | | 项目列表 | 查看平台中所有项目的列表清单，包含其投资、进度、质量、安全信息 |
| | 数据分析 | 多项目对比 | 对投资、进度、质量、安全等模块中的数据进行区域及多项目对比统计 |
| 工作台 | 任务提醒 | 个人相关任务提醒，包括待办、已办、已完成、超时任务，以及通知 | — |
| | 会议发起 | 发起会议，并通知相关用户 | — |
| 项目概况 | 项目概况 | 基本信息 | — |
| | | 参建单位 | — |
| | | 项目效果图 | — |
| | 技术经济指标 | 技术经济指标 | — |
| | 单体信息 | 单体信息 | 可针对单体对施工总包进行授权 |

（续）

| 一级模块 | 二级模块 | 功能点 | 功能描述 |
|---|---|---|---|
| 模型管理 | 模型上传 | 模型上传 | 支持主流 BIM 软件 |
| | 模型集中管理 | 多专业多阶段模型管理 | 对模型进行筛选，快速定位 |
| | 模型查看 | 模型浏览 | 轻量化浏览 |
| | | 模型构件树 | 通过楼层、专业树对模型构件进行显示隐藏 |
| | | 模型属性查看 | 显示模型构件的 Revit 属性、业务属性（投资、进度、质量、安全、资料），可二维码打印 |
| | | 相机功能 | 将现场施工问题与模型绑接，并可发给相关责任方 |
| | | 模型测量 | 包括距离、面积、体积测量 |
| | | 模型剖切 | 二向正交剖切 |
| | | 轴线支持 | 可将 Revit 中的轴线导入平台，便于现场定位模型位置 |
| | | 二三维联动 | 将二维模型与三维模型联动控制 |
| | | 圈画协作 | 对模型进行圈画操作，辅助多方沟通 |
| | | 框选出工程量 | 框选构件，按清单获取工程量（先要在投资模块中对构件进行投资计划绑定） |
| | | 模型版本管理 | 模型版本绑定关系继承，以及模型版本对比 |
| 交流讨论 | 交流讨论 | 列表 | 可显示交流讨论列表，并能关闭讨论 |
| | | 讨论 | 基于 BIM 及圈画功能进行讨论 |
| 进度控制 | 进度审批 | 计划导入 | 导入计划文件（支持 Project） |
| | | 计划审批 | — |
| | 进度任务管理 | 任务列表展示 | — |
| | | 里程碑设置 | 对里程碑任务进行设置 |
| | | 文件挂接 | 在任务上挂接文件、现场实际进度图片等 |
| | | 任务与模型挂接 | 将任务与模型构件进行绑定 |
| | | 录入实际进度 | 录入各任务的实际开始时间、实际完成时间 |
| | | 任务状态提醒 | 可对任务的滞后、正常、提前状态进行提醒 |
| | | 任务列表导出 | 导出录入实际开始时间、实际完成时间的任务列表 |
| | 项目看板 | 横道图查看 | 显示项目任务横道图 |
| | 进度模拟 | 5D 模拟 | 对建设过程按任务进行模拟，并在过程中显示模拟时间点的总造价（BIM） |
| | | 任务状态分色显示 | 5D 模拟过程中，对滞后、正常、提前的构件采用不同颜色显示 |
| | | 任务状态分色显示实际与计划对比 | 对现场照片与模拟进度进行对比 |
| 投资控制 | 平台算量 | 工程量清单导入 | 可导入扩初概算、施工图预算及合同清单（格式需符合平台要求） |
| | | BIM 工程量生成 | 可把导入的工程量清单与模型进行绑定，生成 BIM 工程量 |
| | 工程计量计价 | 工程计量管理 | 按工程业务流程上报工程量 |
| | | 工程量审批 | 按工程业务流程上报月度工程量，并发起审批 |
| | | 工程款审批 | 按工程业务流程上报月度工程款，并发起审批 |
| | | 工程款支付 | 按工程业务流程确认工程款支付 |
| | | 竣工结算审批 | 按工程业务上报竣工结算量，并发起审批 |
| | | 竣工结算支付 | 按工程业务确认竣工结算支付 |

（续）

| 一级模块 | 二级模块 | 功能点 | 功能描述 |
|---|---|---|---|
| 质量安全控制 | 碰撞管理 | 碰撞文件导入 | 可导入 Navisworks 生成的碰撞文件 |
| | | 碰撞文件对比 | 可选择两个碰撞文件进行对比 |
| | | 碰撞点定位 | 可在平台中定位碰撞位置 |
| | 质量验收 | 分部分项检验批划分 | 可导入规范中的分部分项检验批（格式需符合平台要求） |
| | | 分部分项检验批验收 | 对分部分项检验批进行验收，并可绑接模型 |
| | 质量安全检查 | 质量安全检查发现 | 把质量检查中的问题，与模型绑接 |
| | | 问题处理 | 按工程业务流程把相关问题发给责任人，并全程追踪 |
| | 竣工验收 | 质量控制资料核查 | — |
| | | 安全和功能检查资料核查 | — |
| | | 观感质量检查 | — |
| | | 竣工验收记录 | — |
| | 基坑监测 | 监测数据对接显示 | 对接基坑现场监测仪器，获取数据并展示 |
| | | 历史数据查询 | 查看历史数据 |
| | | 阈值提醒 | 设置阈值，当超过阈值自动报警 |
| 工程变更 | 设计变更 | 设计变更审批 | — |
| | | 模型绑定 | — |
| | | 文件上传 | — |
| | 工程签证 | 工程签证审批 | 可基于 BIM 模型生成工程签证费用 |
| | | 模型绑定 | — |
| | | 文件上传 | — |
| | 技术核定 | 技术核定审批 | — |
| | | 模型绑定 | — |
| | | 文件上传 | — |
| 视频监控 | 多窗口监控 | 多窗口监控 | 可同时进行多路场景的远程监控，当发现问题时，可发起相关流程 |
| | 摄像头管理 | 摄像头管理 | 对摄像头与模型关联位置、名称等进行编辑，也可删除摄像头 |
| | 监控问题管理 | 监控问题列表 | 查看所有监控问题 |
| 装配式管理 | 构件库 | 构件库 | 可将项目中所有装配式构件独立模型传至平台中 |
| | 吊装计划 | 吊装计划审批 | 类似进度模块 |
| | | 吊装计划管理 | 类似进度模块 |
| | 物料清单审批 | 物料清单列表 | 查看审批中及审批通过的物料清单 |
| | | 新增物料清单 | 可通过构件库选择、吊装计划生成、整体模型选择、物料清单导入等方式形成装配式物料清单 |
| | | 物料清单审批 | 对形成的物料清单进行审批 |
| | 物料清单管理 | 物料状态跟踪 | 可通过扫描二维码的方式，对物料生产、运输、进场、堆场、吊装、返厂等状态进行跟踪管理 |
| 合同管理 | 合同审批 | 合同的审批 | 对合同进行审批 |
| | 合同执行情况 | 合同的执行情况 | 对合同执行情况进行跟踪 |
| 资料管理 | 资料管理 | 资料查看 | 支持 xls、xlsx、doc、docx、ppt、pptx、pdf、mp4、avi 等格式 |
| | | 资料与模型关联 | 支持将资料与 BIM 模型绑接 |
| | | 资料查询 | 根据文件名、上传人、时间等查询资料 |

（续）

| 一级模块 | 二级模块 | 功能点 | 功能描述 |
|---|---|---|---|
| 智能分析 | 投资统计 | — | — |
| | 进度统计 | — | — |
| | 质量安全统计 | — | — |
| | 工程变更统计 | — | — |
| 权限系统 | 用户管理 | 用户管理、岗位管理、角色管理 | — |
| | 权限管理 | 权限设置 | — |
| 项目设置 | — | 质量验收等自定义 | — |
| 流程系统 | 流程管理 | 流程自定义 | — |
| 移动端 | 模型管理 | 模型查看 | 模型查看、流程处理、现场问题拍照上报 |
| | 流程审批 | 流程审批 | 流程审批查看 |
| | 问题发起 | 问题发起 | 现场质量安全问题流程发起 |
| | 装配式 | 物料状态跟踪 | 可通过扫描二维码的方式，对物料生产、运输、进场、堆场、吊装、返厂等状态进行跟踪管理 |
| | 通讯录 | 通讯录 | 建立平台中所有用户的通讯录 |
| | 资料 | 资料 | 平台中的资料查看、查询 |

## 十七、基于互联网、物联网技术的建筑运维协同管理平台——蓝色星球

蓝色星球是以结构化 GIS 模型和 BIM 模型为基础的三维空间模型为载体，将楼宇、房间、智能设备、能耗、人员等信息融合在一起，打破管理过程中不同系统之间的信息沟通壁垒，实现信息的准确传递，是一种运营维护协同管理平台。蓝色星球功能包括空间管理、资产管理、设施管理、能耗管理、风险管理、物业运营、招商推广、移动查询和运维数据分析等，如图 5-76~ 图 5-78 所示。

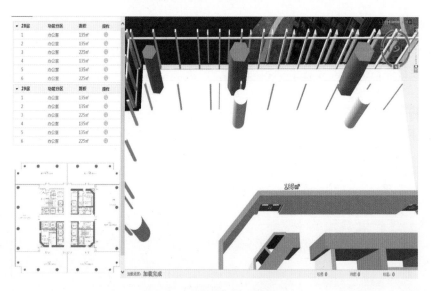

图 5-76　空间管理功能模块

图 5-77　安全管理功能模块

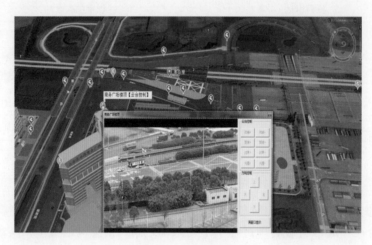

图 5-78　视频监控

## 十八、工程数据分析

Bentley ProjectWise 和 Ubim 内置工程数据分析系统，可进行工程项目的纵向工程数据分析，把握项目建设动态，实现对项目建设全过程和各个承包商的监管。

（1）ProjectWise 工程数据分析　ProjectWise 对交付文档的效率和质量进行数据分析，审核所有设计事务，对项目绩效进行数据分析，提高项目建设的透明度、真实度、准确度，监控项目和承包商状态，如图 5-79 所示～图 5-82 所示。

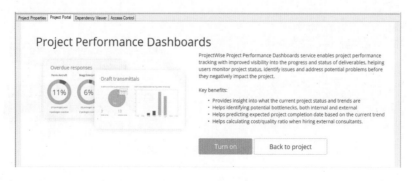

图 5-79　ProjectWise 项目绩效数据分析（一）

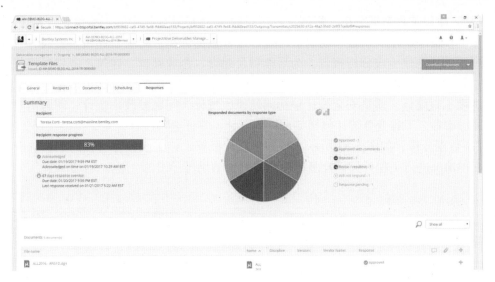

图 5-80　ProjectWise 项目绩效数据分析（二）

图 5-81　ProjectWise 项目绩效数据分析（三）

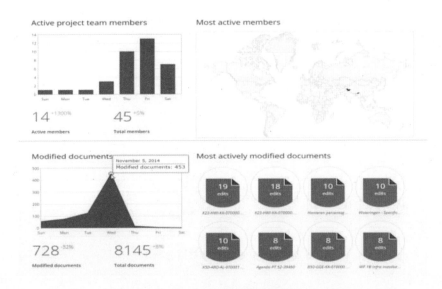

图 5-82　ProjectWise 项目绩效数据分析（四）

（2）Ubim 施工阶段工程数据分析　根据工程项目的 BIM 设计成果中的工程信息以及导入的数据文件，进行诸如工程量、投资、进度、质量、物料、吊装等工程数据分析，对项目建设各参与方、各专业和各阶段进行评估和预测，并创建生成分析报告，为后续项目建设、企业经营、建筑产业发展提供参考数据。其中，投资统计主要为设计概算、施工预算、BIM、竣工结算四种情况的计量计价多算对比。进度统计为任务完成情况和进度工时统计。质量安全统计包括问题原因统计、问题整改率统计、问题历时统计和检验批质量验收一次通过率等。工程变更统计包括签证原因统计、签证金额统计、变更类型统计等。

1）投资控制数据分析，如图 5-83 所示。按初步设计概算、施工图预算、合同工程量清单、BIM 工程量、竣工结算五种情况进行工程计量计价多算对比，对比结果可导出。

| 项目编码 | 项目名称 | 项目特征 | 计量单位 | 综合单价（元） | 工程数量（初步设计概算） | 工程数量（施工图概算） | 工程数量（合同工程量清单） | 工程数量（BIM工程量） | 工程数量（竣工结算） | 合价（初步设计概算） | 合价（施工图概算） | 合价（合同工程量清单） | 合价（BIM工程量） | 合价（竣工结算） |
|---|---|---|---|---|---|---|---|---|---|---|---|---|---|---|
| A.1 | 土石方工程 | | | | | | | | 10.38 | | | | | |
| 010101001001 | 平整场地 | 1.平整场地 2.余方外运暂运距自行考虑 | m2 | 10.00 | 10.00 | 66.00 | 3927.94 | | 10.38 | 100.00 | 660.00 | 39279.40 | | 103.80 |
| 010101002001 | 挖一般土方 | 1.土壤类别，挖土深度综合考虑 2.内倒：运距自行考虑 | m3 | 6.66 | 50.00 | 88.00 | 3076.97 | | 10.38 | 333.00 | 586.08 | 20492.62 | | 69.13 |
| 010101003001 | 挖基坑、沟槽土方 | 1.挖基坑、沟槽土方 2.土壤类别，挖土深度综合考虑 3.内倒：运距自行考虑 | m3 | 8.88 | 60.00 | 20.00 | 18532.03 | 126.07 | 10.38 | 532.80 | 177.60 | 164564.43 | 1119.50 | 92.17 |
| 010103001002 | 回填方 | 原土回填，分层压实 | m3 | 16.60 | 8701.24 | 15.00 | 8701.24 | 2367.70 | 10.38 | 144440.58 | 249.00 | 144440.58 | 39303.82 | 172.31 |
| 010103001001 | 回填方 | 2:8灰土回填，分层压实 | m3 | 18.80 | 7230.00 | 15.00 | 7230.00 | | 10.38 | 135924.00 | 282.00 | 135924.00 | | 195.14 |
| 010103002001 | 余方弃置 | 1.运距12km 2.土、石、泥浆综合 | m3 | 10.60 | 21609.00 | 21609.00 | 21609.00 | | 10.38 | 229055.40 | 229055.40 | 229055.40 | | 110.03 |
| 010103002003 | 余方弃置 | 运距每增减1km | m3.km | | | | | 841.09 | 10.38 | | | | | |
| A.3 | 桩基工程 | | | | | | | | 44.99 | 10.38 | | | | | |
| 10302001001 | 泥浆护壁成孔灌注桩 | 1.泥浆护壁成孔灌注桩 2.Φ600mm, | m | 219.86 | 10556.79 | 10556.79 | 10556.79 | 27.70 | 10.38 | 2321015.85 | 2321015.85 | 2321015.85 | 6090.12 | 2282.15 |

图 5-83　Ubim 投资控制数据分析

2）进度管理数据分析，如图 5-84 和图 5-85 所示。按月计划、年计划、总计划对任务完成情况、进度工时进行统计分析。

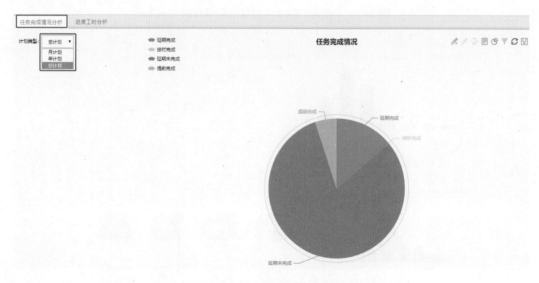

图 5-84　Ubim 进度管理数据分析（一）

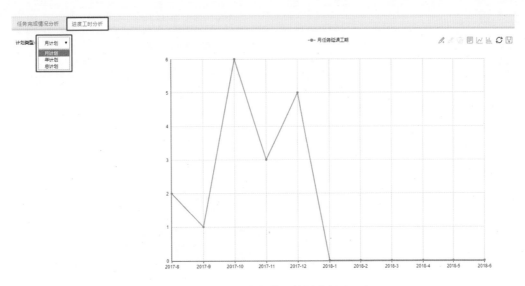

图 5-85　Ubim 进度管理数据分析（二）

3）质量安全数据分析。对问题整改率、问题检查历时曲线、问题原因分析、质量验收一次通过率进行统计分析，如图 5-86~ 图 5-88 所示。

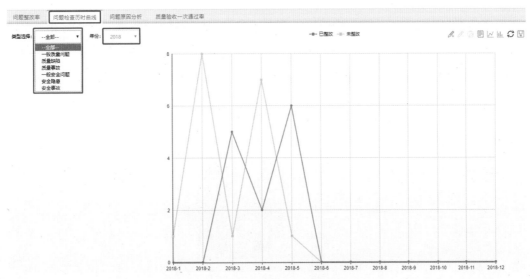

图 5-86　Ubim 质量安全数据分析（一）

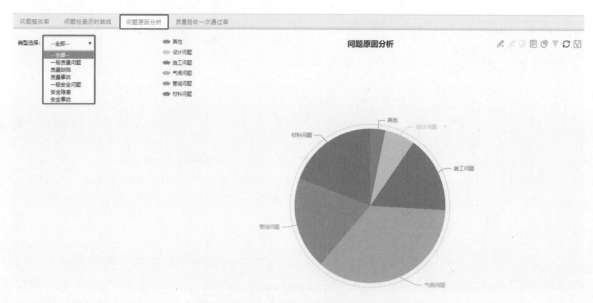

图 5-87　Ubim 质量安全数据分析（二）

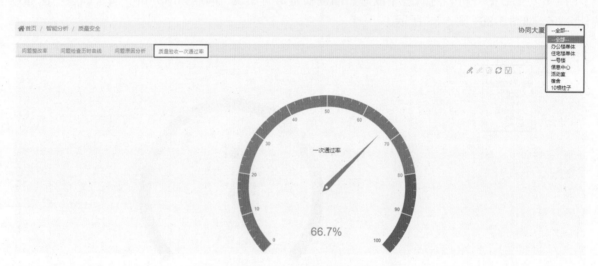

图 5-88　Ubim 质量安全数据分析（三）

4）工程变更数据分析。对工程变更的原因、类型、金额进行统计分析，如图 5-89~ 图 5-92 所示。

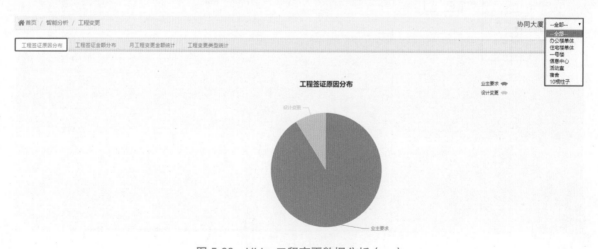

图 5-89　Ubim 工程变更数据分析（一）

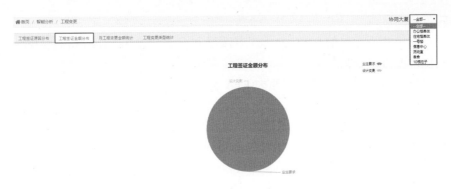

图 5-90　Ubim 工程变更数据分析（二）

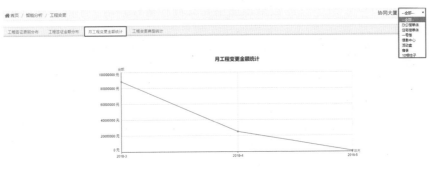

图 5-91　Ubim 工程变更数据分析（三）

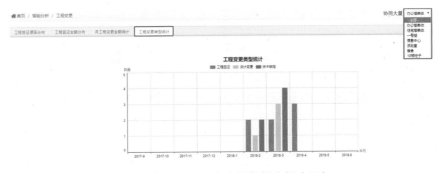

图 5-92　Ubim 工程变更数据分析（四）

# 第 3 节　Autodesk BIM 向 Bentley BIM 软件的数据传递

## 一、数据传递原则

（1）原则一　选用可保证工程模型、工程信息无损传递，且模型和信息可编辑的数据或文件格式。

Bentley ISM 数据格式可实现 Revit 与 Bentley ProStructures 软件之间的结构专业标准构件导入、导出。

IFC 理论上也是双向传递的 BIM 数据格式，但当前版本 Bentley ProStructures 软件对 IFC 格式支持不足，不建议选用。

（2）原则二　如果需要传递的模型和信息无须再次编辑，优先选用工程模型、工程信息无损传递的数据或文件格式；如果条件不具备，选用支持带图层导出的数据或文件格式。

Bentley i-model 数据格式可将 Revit 全专业 BIM 文件（模型＋信息）导入 Bentley ProStructures 软件转

化为不可编辑的轻量化浏览模型。

在三维视图的精细模式下导出的 DWG 文件，其图层和模型可被 Bentley ProStructures 软件识别、读取，其图层中所属的构件可被再次分配图层。

（3）原则三　特殊或复杂模型，建议创建为 RFA 文件；如果是 Revit 内建模型或系统族，优先保证带图层的、可编辑的工程模型传递。

RFA 文件也可被 Bentley ProStructures 软件读取，并简单编辑，但无法用于碰撞检查。

DWG 实体是一种带图层的可被 Bentley ProStructures 软件读取并编辑的智能实体文件，其图层中所属的构件可被再次分配图层。

## 二、数据传递格式

Autodesk BIM 与 Bentley BIM 软件的数据传递主要有五种格式，用于不同专业、不同用途，实现数据传递的完整和一致。

### （一）Bentley i-model 格式

i-model 格式文件是 Bentley 软件公司开发的带工程信息的 BIM 交互数据格式，i-model 格式的文件扩展名主要有 i.dgn 和 imodel 两种。前者仅能用于桌面系统，后者可用于桌面和移动端。此数据格式是单向传递，只能查询不能编辑。

Revit 软件创建的建筑、机电、装饰专业 BIM 模型和信息通过 Bentley 公司开发的免费 i-model Plugin for Revit 接口程序，无损进入 Bentley BIM 软件体系，如图 5-93 所示。最新的 i-model 2.0 不仅支持自动识别 Autodesk Revit 软件的内置图层，还支持材质发布。但是不建议将 PC 构件的预埋件或连接件族发布成 i-model 格式，再导入 Bentley ProStructures 软件中使用，原因在于后期无法统计预埋件或连接件的工程量。

图 5-93　Revit 建筑、机电、装饰专业 BIM 模型与 Bentley BIM 软件的数据传递

i-model 适合于无须在 Bentley BIM 软件中进行再次编辑的专业 BIM 数据的传递，如建筑、机电和装饰等专业。

### （二）Bentley ISM 格式

ISM 是 Bentley 公司开发的集成结构建模数据交互格式，用于建模、分析、设计、制图和详细设计的软件应用程序之间共享结构工程项目信息。利用基于 ISM 的工作流，可以实现交换数据、同步修订、跟踪进度、比较备选方案、发布交付成果。

Revit 软件创建的混凝土结构（只支持矩形截面混凝土材质结构柱、梁构件）、钢构件（标准截面）BIM 模型和信息通过 Bentley 公司开发的免费 ISM Plugin for Revit 接口程序，无损进入 Bentley BIM 软件体系，如图 5-94 所示。此文件格式是双向传递，Bentley 结构设计软件创建的混凝土结构（只支持矩形截面混凝土材质结构柱、梁构件）、钢构件（标准截面）BIM 模型，同样经过转换变成 Revit 软件的结构构件。

图 5-94　Revit 结构专业 BIM 模型与 Bentley BIM 软件的数据传递

需要指出，Bentley ProStructures Connect Edition 版软件支持对标准结构构件 BIM 模型进行复杂的修改操作，如可以将一堵创建了钢筋的现浇结构墙模型使用特征修改工具修改为 PC 墙，且钢筋不会丢失。Autodesk Revit 软件无法对标准结构构件模型进行复杂的修改操作。Bentley ProStructures 软件优势在于其项目文件极小，普通配置的计算机即可完成大体量结构钢筋或钢结构的节点设计。借助此特点，不仅可以实现全结构的钢筋建模，也可以减少结构构件的重复建模，大大提高了 PC 构件深化设计效率。

ISM 格式适合于需要在 Bentley BIM 软件中进行再次编辑的专业 BIM 数据的传递，如混凝土结构、钢钢结构和 PC 构件等专业。

**（三）RFA 格式**

RFA 格式是 Revit 软件的族文件格式。Bentley ProStructures 软件可以直接打开或导入 RFA 文件，且可以进行简单编辑，如图 5-95 所示。Revit 软件的建筑各专业族文件数量巨大、专业齐全、国产化充分，可以大大提高工作效率，如图 5-96 所示。

图 5-95　Bentley ProStructures 软件导入 RFA 文件

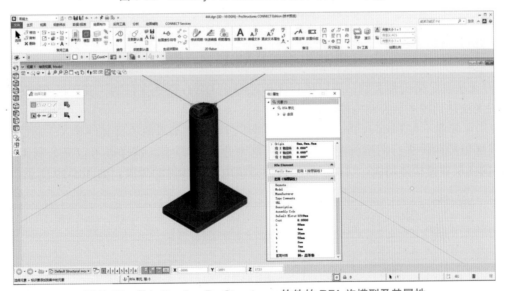

图 5-96　导入 Bentley ProStructures 软件的 RFA 族模型及其属性

通常我们会将 Revit 软件创建的预埋件或连接件的族文件导入 Bentley ProStructures 软件中，为其添加工程信息，成为 BentleyBIM 软件的单元（Cell）文件；也可创建一个预埋件或连接件的单元库，供团队协同设计。制作成单元（Cell）模型的预埋件或连接件是可被 Bentley ProStructures 软件进行工程量统计的，但是无法用于碰撞检查。

**（四）DWG 实体和 SAT 格式**

SAT 格式是国际通用三维模型文件格式，在很多主流软件中都支持其导入和导出。"DWG 实体"本质上也是 SAT 格式，简单来说就是带图层的 SAT 格式。SAT 格式在导入 Bentley BIM 软件后就变成了可被编辑的智能实体或特征实体模型，如图 5-97 所示。Bentley BIM 软件创建的 SAT 文件也可以导入 Revit 软件中。

DWG 实体和 SAT 格式通常用来将 Revit 软件创建的复杂形体的构件模型，如 PC 构件或复杂造型的结构构件模型，导入 Bentley ProStructures 软件来完成深化设计。

PC构件
复杂构件

DWG实体或SAT

图 5-97　Autodesk Revit 复杂构件模型与 Bentley BIM 软件的数据传递

### （五）DWG 格式

DWG 格式是 Autodesk 公司开发的国际通用二维或三维 CAD 文件格式，不带任何工程信息。Bentley BIM 软件可以直接打开、导入或参考 DWG 格式文件。Bentley ProStructures 软件直接导入的三维 DWG 格式，其形体是网格模型，按照 Revit 软件内置的构件类别自动进行图层分配，如图 5-98 所示。

图 5-98　Revit 软件内置的图层目录

Revit 软件无法自定义构件类别，所以项目文件在导出 DWG 格式文件时，其图层在 Bentley ProStructures 软件一般无法达到按图层控制构件的目的。

通常，我们需要将不在 Bentley ProStructures 软件中进行再次编辑的项目文件导入，通过新建图层，重新为各系统或部位的构件进行图层分配，常用于机电专业 BIM 模型。这样做可以充分利用 Bentley ProStructures 软件的图层碰撞检测功能，自由、快速地检查机电专业构件的碰撞，如图 5-99 所示。

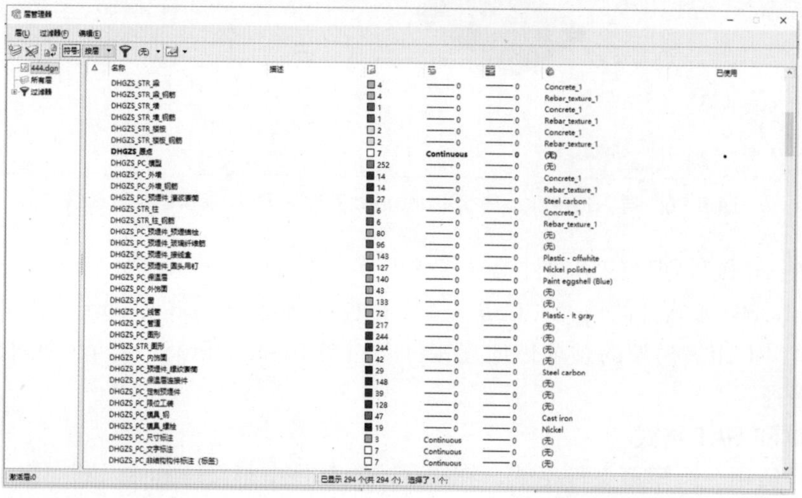

图 5-99　Bentley ProStructures 软件的图层管理器

# 第二篇

## 项目级 BIM 技术应用

# 第 6 章

# 项目概况

## 第 1 节　项目的基本情况

以江苏省常州市盘龙苑小学项目为例，此项目规划用地面积约 4.3 万 $m^2$，项目建筑面积约 4 万 $m^2$，主要功能建筑包括人防地下室及车库、食堂及风雨操场、综合楼、教学楼等，如图 6-1～图 6-3 所示。

图 6-1　盘龙苑小学项目鸟瞰图

图 6-2　盘龙苑小学项目透视图（一）

图 6-3　盘龙苑小学项目透视图（二）

根据苏建科 [2017]43 号文《关于在新建建筑中加快推广应用预制内外墙板预制楼梯板预制楼板的通知》的规定：

一、"三板"应用项目实施范围

1. 单体建筑面积 2 万 $m^2$ 以上的新建医院、宾馆、办公建筑，以及 5000$m^2$ 以上的新建学校建筑；

2. 新建商品住宅、公寓、保障性住房；

3. 单体建筑面积 1 万 $m^2$ 以上的标准厂房。

二、"三板"应用项目实施时间

省级建筑产业现代化示范城市（县、区）自 2017 年 12 月 1 日起，其他城市（县城）自 2018 年 7 月 1 日起，在新建项目中推广应用"三板"。

　　盘龙苑小学项目作为满足要求的新建学校建筑项目，是装配式建筑项目，也是精装修交付项目。项目是常州市新北区第一个装配式建筑项目，预制率超过 30%，预制构件种类包括梁、板、柱、外墙及楼梯，如图 6-4~ 图 6-7 所示。

图 6-4　盘龙苑小学项目 PC 柱

图 6-5　盘龙苑小学项目 PC 梁

图 6-6　盘龙苑小学项目 PC 楼板

图 6-7　盘龙苑小学项目 PC 楼梯

盘龙苑小学项目于2018年1月份开工，将于2019年8月份竣工交付，施工现场如图6-8~图6-10所示。

图 6-8　盘龙苑小学项目施工现场（一）

图 6-9　盘龙苑小学项目施工现场（二）

图 6-10  盘龙苑小学项目施工现场（三）

## 第 2 节  项目的各专业设计和原 BIM 技术应用情况

盘龙苑小学项目在立项时并非装配式建筑，而是在各专业设计完成后，因为政策要求，改成装配式建筑。所以，盘龙苑小学项目的各专业施工图并未参照装配式建筑设计规范或标准进行设计，而是在施工图完成后进行 PC 构件拆分和深化设计。这种项目在当前装配式建筑推广阶段，是普遍现象。

项目的各专业设计单位与 PC 构件拆分和深化设计单位主要的设计工具是 AutoCAD。盘龙苑小学项目从方案设计到深化设计阶段未实现各专业的一体化集成设计。因未采用 BIM 技术进行设计，也无法实现各专业的协同设计。

总承包单位江苏、丰浩建设工程有限公司 BIM 中心根据施工图进行各专业 BIM 模型翻建，所用 BIM 软件为 Revit；PC 构件拆分设计阶段 BIM 模型所用软件是 Revit，PC 构件深化设计阶段 BIM 模型所用软件是 Trimble Tekla Structures。但是 Revit 软件所创建的各专业 BIM 模型无法导入 Trimble Tekla Structures 软件，造成 PC 构件 BIM 模型需要重复建模，增加了前后设计不一致的隐患，无法采用 BIM 技术实现对装配式建筑建设全过程的指导和服务。

## 第 3 节  工程质量要点

盘龙苑小学项目是一个并未参照装配式建筑设计规范或标准进行设计的精装修装配式建筑项目，同时，在设计阶段也并未采用 BIM 技术。总承包单位原有 BIM 技术应用软件存在"信息孤岛"。综合分析，本项目在实施过程中可能出现的质量问题如下。

（1）建筑与结构专业设计的不一致性  本项目主要使用 AutoCAD 软件的二维设计功能进行各专业施

工图设计和 PC 构件设计。二维设计方式具有无法表达建筑各专业构件空间关系的先天劣势，导致出现建筑和结构专业设计不一致的问题。

（2）建筑、结构与机电专业设计的不一致性　本项目主要使用 AutoCAD 软件的二维设计功能进行各专业施工图设计和 PC 构件设计。二维设计方式具有无法表达建筑各专业构件空间关系的先天劣势，导致出现建筑、结构专业设计与机电专业设计不一致的问题。

（3）暖通、给水排水、电气和智能化等专业之间设计的不一致性　本项目主要使用 AutoCAD 软件的二维设计功能进行各专业施工图设计和 PC 构件设计。二维设计方式具有无法表达建筑各专业构件空间关系的先天劣势，导致出现暖通、给水排水、电气和智能化等专业之间设计不一致的问题。

（4）建筑、结构与精装修专业设计的不一致性　本项目主要使用 AutoCAD 软件的二维设计功能进行各专业施工图设计和 PC 构件设计。二维设计方式具有无法表达建筑各专业构件空间关系的先天劣势，导致出现建筑、结构专业设计与精装修专业设计不一致的问题。

（5）建筑、结构专业设计与 PC 构件深化设计的不一致性　本项目主要使用 AutoCAD 软件的二维设计功能进行各专业施工图设计和 PC 构件设计。二维设计方式具有无法表达建筑各专业构件空间关系的先天劣势，导致出现建筑、结构专业设计与 PC 构件深化设计不一致的问题。

（6）精装修设计与 PC 构件加工设计的不一致性　本项目预制率超过 30%，部分外墙，以及大部分柱、梁和楼板需要预制。一些 PC 构件的预留和预埋件的位置、尺寸和数量由精装修设计决定。所以，精装修设计影响 PC 构件加工设计，PC 构件影响现场精装修施工。本项目的精装修设计和 PC 构件加工设计分别由两个专业团队采用二维 CAD 设计工具完成，导致两个专业之间出现设计冲突。

（7）精装修设计与机电专业设计的不一致性　本项目是精装修装配式学校建筑，对机电设备的使用与维护要求较高。机电管线和设备的规格、位置、性能由精装修设计决定。所以，精装修设计影响机电施工图和安装设计，机电安装质量影响现场精装修施工。本项目精装修设计和机电专业设计分别由两个专业团队采用二维 CAD 设计工具完成。并且，精装修设计滞后于机电专业施工图设计。所以，两个专业之间出现设计冲突。

（8）PC 构件加工设计与机电专业设计的不一致性　本项目预制率超过 30%，部分外墙，以及大部分柱、梁和楼板需要预制。机电专业设计也决定了一些 PC 构件的预留和预埋件的位置、尺寸和数量。所以，机电专业设计影响 PC 构件加工设计，PC 构件影响现场机电专业设备、管线和支吊架的安装。

（9）混凝土后浇部位的钢筋碰撞问题　本项目预制率超过 30%，部分外墙，以及大部分柱、梁和楼板需要预制。PC 柱纵筋与 PC 梁纵筋，PC 楼板伸出钢筋与 PC 梁纵筋、PC 楼板钢筋和 PC 柱纵筋之间的钢筋碰撞需要重点关注。

（10）上下层 PC 构件之间钢筋与灌浆套筒连接问题　本项目预制率超过 30%，底层 PC 柱和 PC 外墙与上层 PC 柱和 PC 外墙之间通过纵筋或插筋与灌浆套筒进行连接，连接位置准确与否需要重点关注。

（11）钢筋加工与 PC 构件钢筋加工设计的一致性问题　本项目 PC 外墙和 PC 楼板的钢筋网，以及梁、柱的箍筋由建设单位的 PC 构件厂加工完成。其中 PC 楼板中要预留接线盒，而接线盒的大小、数量和位置又决定了钢筋网的位置和间距。所以，为提高 PC 楼板的加工质量和效率，需要准确设计 PC 楼板钢筋网。

（12）PC 构件加工设计与其模具加工设计的一致性问题　本项目全部 PC 构件的模具的设计与加工委托外部厂家完成。PC 构件设计与加工流程：PC 构件加工设计→PC 构件模具加工设计→PC 构件模具加工→PC 构件加工。PC 构件与其模具的设计与加工分别由不同的单位完成，极有可能导致 PC 构件成品与 PC 构件加工设计的不一致。

（13）装配式建筑 PC 构件和现浇结构构件的工程量统计问题　本项目的 PC 构件皆采用二维设计，工程量需要复核。项目采用的是 60mm 厚 PC 楼板，顶部再现浇 70mm 厚混凝土，与梁、柱一起浇筑完成。需要注意的是此部分的工程量采用传统的工程量计算软件较难统计。另外，本项目部分外墙为预制，还需要扣除施工图中外墙上部梁的工程量。

# 第 7 章

# 项目级 BIM 技术应用策划

## 第 1 节　项目级 BIM 技术实施路线

### 一、BIM 技术应用策划背景

2019 年 4 月 1 日，人力资源和社会保障部正式发布《关于发布人工智能工程技术人员等职业信息的通知》，其中规定的"建筑信息模型（BIM）技术员"主要工作任务如下：

1）负责项目中建筑、结构、暖通、给水排水、电气专业等 BIM 模型的搭建、复核、维护管理工作。

2）协同其他专业建模，并做碰撞检查。

3）BIM 可视化设计：室内外渲染、虚拟漫游、建筑动画、虚拟施工周期等。

4）施工管理及后期运维。

### 二、BIM 技术应用策划思路

（1）协同设计　基于 BIM 模型文件格式交付的协同设计，各阶段 BIM 模型正向无损传递，保证各阶段、各专业 BIM 模型一致性，避免重复建模。

（2）全过程　包括施工图设计阶段、PC 构件拆分设计阶段、深化设计阶段、施工阶段。

（3）全专业　涵盖施工图设计阶段、PC 构件拆分设计阶段、深化设计阶段、施工阶段的各专业。

1）施工图设计阶段：包括建筑、结构、暖通、给水排水、电气、智能化、精装修（方案）BIM 模型，各专业碰撞检查。

2）PC 构件拆分设计阶段：包括建筑、结构、暖通、给水排水、电气、智能化、PC 构件（施工图）、精装修（施工图）BIM 模型，各专业碰撞检查。

3）深化设计阶段：包括二次结构、现浇构件钢筋、支吊架、精装修、PC 构件加工、PC 构件模具加工 BIM 模型，各专业碰撞检查。

4）装配施工阶段：各专业三维设计交底、场景漫游、施工工艺模拟、施工进度模拟。

（4）碰撞检查　主要存在于施工图设计阶段、PC 构件拆分设计阶段、深化设计阶段。

（5）BIM 可视化　包括室内外场景渲染、场景漫游动画、施工工艺模拟动画、施工进度模拟动画。

（6）BIM 模型深度　主要指施工图设计阶段 LOD300、PC 构件拆分设计阶段 LOD300、深化设计阶段 LOD400、施工阶段 LOD400。

LOD 技术即 Levels of Detail 的简称，意为多细节层次，用来表达 BIM 模型的深度。

1）LOD 100：整个建筑量体的面积、高度、体积、位置、座向等信息以 3D 模型或其他数据形式呈现，相当于建筑方案设计阶段交付内容。

2）LOD 200：模型组件为具近似数量、尺寸、形状、位置、方向等信息的泛用型系统或集合体，其他非几何属性信息亦可建置于模型组件中，相当于建筑各专业初步设计阶段交付内容。

3）LOD 300：模型组件为具备精确数量、尺寸、形状、位置、方向等信息的特定集合体，非几何属性信息亦可建置于模型组件中，相当于建筑各专业施工图设计阶段交付内容。

4）LOD 400：模型组件为具备精确数量、尺寸、形状、位置、方向等信息及具备完整制造、组装、细部施作所需信息的特定集合体，非几何属性信息亦可建置于模型组件中，相当于建筑各专业深化设计阶段交付内容。

5）LOD 500：模型组件为具备实际数量、尺寸、形状、位置、方向等信息完工集合体，非几何属性信息亦可建置于模型组件中，相当于建筑各专业竣工阶段交付内容。

## 三、BIM 技术应用策划流程

BIM 技术应用策划流程如图 7-1 所示。

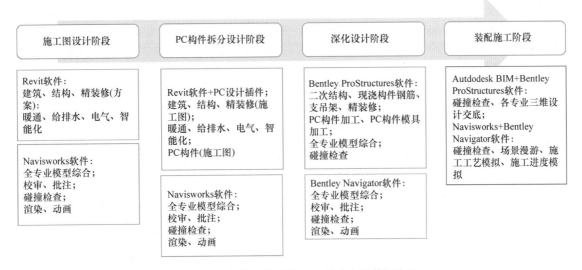

图 7-1 盘龙苑小学项目 BIM 技术应用策划流程

**（一）施工图设计阶段的 BIM 模型深度和交付内容**

（1）全部楼层，含地下室。

（2）各专业 BIM 模型深度：

1）结构专业：混凝土构件 BIM 模型。

2）建筑专业：建筑施工图级别的 BIM 模型。

3）机电专业：全部直径的管道、桥架、设备、末端和线管等 BIM 模型。

4）精装修专业：地面、墙面、顶棚等 BIM 模型。

5）智能化专业：智能化设施、设备 BIM 模型。

（3）本阶段 BIM 设计、检查及优化或修改后的交付成果：

1）BIM 模型：每个专业的设计模型、浏览模型；全专业综合的设计模型、浏览模型；文件格式由 BIM 总包单位所使用的软件决定。

2）设计检查报告：主要检查各专业之间的错、漏、碰、缺问题；采用 Word、Excel 支持的格式，图片（JPEG、PNG、TIFF 等）、PDF、HTML 等格式。

3）图纸：各专业设计图纸，PC 拆分设计图纸，管线综合图纸，重要区域的管线剖面图、详图。

4）工程量：从各专业 BIM 模型提取的净工程量；采用 Excel 支持的格式。

5）三维可视化成果：整体、局部和重要区域的效果图（JPEG、PNG 或 TIFF 等格式）；地下室、走廊、其他重要区域的漫游动画，采用 AVI 或 MP4 格式；VR（虚拟现实）浏览，采用 EXE 格式。

**（二）PC 构件拆分设计阶段的 BIM 模型深度和交付内容**

（1）为减少 PC 构件设计与精装修设计的冲突，建议在施工图设计完成后同步进行 PC 构件拆分设计和精装修设计。

（2）本项目各楼层 BIM 模型深度：

1）地下室 BIM 模型深度：结构专业提交混凝土构件 BIM 模型；建筑专业提交建筑施工图级别的 BIM 模型；机电专业提交全部管道、桥架、设备，包括末端和线管等的 BIM 模型；精装修专业提交地面、墙面、顶棚、软装等 BIM 模型；智能化专业提交智能化设施、设备 BIM 模型。

2）转换层以下楼层 BIM 模型深度：结构专业提交混凝土构件 BIM 模型；建筑专业提交建筑施工图级别的 BIM 模型；机电专业提交全部管道、桥架、设备，包括末端和线管等的 BIM 模型；精装修专业提交地面、墙面、顶棚、软装等 BIM 模型；智能化专业提交智能化设施、设备 BIM 模型。

3）转换层 BIM 模型深度：结构专业提交混凝土构件 BIM 模型；建筑专业提交建筑施工图级别的 BIM 模型；机电专业提交全部管道、桥架、设备，包括末端和线管等的 BIM 模型；精装修专业提交地面、墙面、顶棚、软装等 BIM 模型；智能化专业提交智能化设施、设备 BIM 模型。

4）底部标准层 BIM 模型深度：结构专业提交混凝土构件 BIM 模型；建筑专业提交建筑施工图级别的 BIM 模型；机电专业提交全部管道、桥架、设备，包括末端和线管等的 BIM 模型；装饰专业提交地面、墙面、顶棚、软装等 BIM 模型；智能化专业提交智能化设施、设备 BIM 模型；PC 构件专业提交 PC 构件拆分设计 BIM 模型，包括 PC 构件形状、材料、尺寸、预留洞、预埋件，可不含钢筋。

5）顶部标准层 BIM 模型深度：结构专业提交混凝土构件 BIM 模型；建筑专业提交建筑施工图级别的 BIM 模型；机电专业提交全部管道、桥架、设备，包括末端和线管等的 BIM 模型；精装修专业提交地面、墙面、顶棚、软装等 BIM 模型；智能化专业提交智能化设施、设备 BIM 模型；PC 构件专业提交 PC 构件拆分设计 BIM 模型，包括 PC 构件形状、材料、尺寸、预留洞、预埋件，可不含钢筋。

6）屋顶层 BIM 模型深度：结构专业提交混凝土构件 BIM 模型；建筑专业提交建筑施工图级别的 BIM 模型；机电专业提交全部管道、桥架、设备，包括末端和线管等的 BIM 模型；装饰专业提交地面、墙面、顶棚、软装等 BIM 模型；智能化专业提交智能化设施、设备 BIM 模型。

（3）本阶段 BIM 设计、检查及优化或修改后的交付成果：

1）BIM 模型：每个专业的设计模型、浏览模型；全专业综合的设计模型、浏览模型；文件格式由 BIM 总包单位所使用的软件决定。

2）设计检查报告：主要检查各专业之间的错、漏、碰、缺问题；重点是 PC 构件的预留和预埋位置、尺寸；采用 Word、Excel 支持的格式，图片（JPEG、PNG、TIFF 等）、PDF、HTML 等格式。

3）图纸：各专业设计图纸，PC 拆分设计图纸，管线综合图纸，重要区域的管线剖面图、详图。图纸要以二维和三维形式呈现，采用标准 DWG、DXF、DGN、PDF 格式。

4）工程量：从各专业 BIM 模型提取的净工程量，重点是现浇结构混凝土和 PC 构件混凝土工程量，采用 Excel 格式。

5）三维可视化成果：整体、局部和重要区域的效果图，采用 JPEG、PNG 或 TIFF 等格式；地下室、走廊、其他重要区域的漫游动画，采用 AVI 或 MP4 格式；VR（虚拟现实）浏览，采用 EXE 格式。

**（三）深化设计阶段的 BIM 模型深度和交付成果内容**

（1）此阶段除一般关注的 PC 构件加工设计与建筑其他专业的是否一致外，还需要考虑：

1）为保证 PC 构件设计与 PC 构件成品的一致性，PC 构件的模具一般是钢模具。近年来，江苏省的钢模具出厂价在12500~13500元/吨，考虑到 PC 构件模具的采购价格较高，建议创建 PC 构件模具 BIM 模型，不但保证 PC 构件加工与 PC 构件成品的一致性，还方便准确统计模具工程量。

2）总承包单位的预制构件厂的 PC 构件的钢筋是否是外部采购，如果是外部采购，极易造成工厂在生产 PC 构件时，成品钢筋与预埋件打架，PC 构件预埋件出现偏差，导致设计变更。

（2）本项目各楼层 BIM 模型深度：

1）地下室 BIM 模型深度：结构专业提交现浇结构构件、二次结构、钢筋 BIM 模型；建筑专业提交建筑施工图级别的 BIM 模型；机电专业提交全部管道、桥架、设备、末端和线管以及支吊架、管线预制段等的 BIM 模型；精装修专业提交地面、墙面、顶棚、软装、龙骨等 BIM 模型；智能化专业提交智能化设施、设备 BIM 模型。

2）转换层以下楼层 BIM 模型深度：结构专业提交现浇结构构件、二次结构、钢筋 BIM 模型；建筑专业提交建筑施工图级别的 BIM 模型；机电专业提交全部管道、桥架、设备、末端和线管以及支吊架、管线预制段等的 BIM 模型；精装修专业提交地面、墙面、顶棚、软装、龙骨等 BIM 模型；智能化专业提交智能化设施、设备 BIM 模型。

3）转换层 BIM 模型深度：结构专业提交现浇结构构件、二次结构、钢筋 BIM 模型；建筑专业提交建筑施工图级别的 BIM 模型；机电专业提交全部管道、桥架、设备、末端和线管以及支吊架、管线预制段等的 BIM 模型；精装修专业提交地面、墙面、顶棚、软装、龙骨等 BIM 模型；智能化专业提交智能化设施、设备 BIM 模型。

4）底部标准层 BIM 模型深度：结构专业提交现浇结构构件、二次结构、钢筋 BIM 模型；建筑专业提交建筑施工图级别的 BIM 模型；机电专业提交全部管道、桥架、设备、末端和线管以及支吊架、管线预制段等的 BIM 模型；精装修专业提交地面、墙面、顶棚、软装、龙骨等 BIM 模型；智能化专业提交智能化设施、设备 BIM 模型。PC 构件专业提交 PC 构件加工设计 BIM 模型，包括 PC 构件形状、钢筋、材料、尺寸、预留洞、预埋件；PC 模具专业提交 PC 构件模具形状、尺寸、规格、材料、焊接、螺栓、预留孔（建议）。

5）顶部标准层 BIM 模型深度：结构专业提交现浇结构构件、二次结构、钢筋 BIM 模型；建筑专业提交建筑施工图级别的 BIM 模型；机电专业提交全部管道、桥架、设备、末端和线管以及支吊架、管线预制段等的 BIM 模型；精装修专业提交地面、墙面、顶棚、软装、龙骨等 BIM 模型；智能化专业提交智能化设施、设备 BIM 模型。PC 构件专业提交 PC 构件加工设计 BIM 模型，包括 PC 构件形状、钢筋、材料、尺寸、预留洞、预埋件；PC 模具专业提交 PC 构件模具形状、尺寸、规格、材料、焊接、螺栓、预留孔（建议）。

6）屋顶层 BIM 模型深度：结构专业提交现浇结构构件、二次结构、钢筋 BIM 模型；建筑专业提交建筑施工图级别的 BIM 模型；机电专业提交全部管道、桥架、设备、末端和线管以及支吊架、管线预制段等的 BIM 模型；精装修专业提交地面、墙面、顶棚、软装、龙骨等 BIM 模型；智能化专业提交智能化设施、设备 BIM 模型。

（3）本阶段 BIM 设计、检查及优化或修改后的交付成果：

1）BIM 模型：每个专业的设计模型、浏览模型；全专业综合的设计模型、浏览模型；文件格式由 BIM 总包单位所使用的软件决定。

2）设计检查报告：主要检查各专业之间的错、漏、碰、缺问题；重点是 PC 构件的预留和预埋位置、尺寸，以及 PC 构件钢筋与预留孔洞、预埋件的碰撞；采用 Word、Excel 支持的格式，图片（JPEG、PNG、TIFF 等）、PDF、HTML 格式等。

3）图纸：各专业设计图纸，PC 加工设计图纸，管线综合图纸，重要区域的管线剖面图、详图，图纸要以二维和三维形式呈现，采用标准 DWG、DXF、DGN、PDF 格式。

4）工程量：从各专业 BIM 模型提取的净工程量，重点单个 PC 构件的混凝土、钢筋和预埋件工程量，单个 PC 构件模具的工程量及全部工程量（建议），采用 Excel 格式。

5）三维可视化成果：整体、局部和重要区域的效果图，以 JPEG、PNG 或 TIFF 等格式；地下室、走廊、其他重要区域的漫游动画，采用 AVI 或 MP4 格式；VR（虚拟现实）浏览，采用 EXE 格式。

**（四）装配施工 / 施工模拟阶段的 BIM 模型深度和交付成果内容**

（1）基于各专业 BIM 模型的三维设计交底　重点部位、区域。

（2）场景渲染　建筑外观透视或鸟瞰图，重点空间；采用 JPEG、PNG 或 TIFF 等格式。

（3）施工工艺模拟　PC 构件安装模拟，重要部位土建施工模拟，重要区域机电管线安装模拟；采用 AVI 或 MP4 格式。

（4）施工进度模拟　各专业构件关联施工进度计划；采用 AVI 或 MP4 格式。

# 第 2 节　项目文件夹组织及项目文件命名规则

常州盘龙苑小学装配式建筑项目是在各专业施工图完成后再进行 PC 构件拆分设计，BIM 技术由施工总承包单位对施工图进行 BIM 翻模，并持续到装配施工阶段。因此，本书主要介绍施工图设计阶段、拆分设计阶段、深化设计阶段和装配施工阶段的装配式建筑项目的文件夹组织和项目文件名的命名规则。

## 一、项目文件夹组织

常州盘龙苑小学项目的文件夹组织分成四级，即项目→阶段→专业→分项，如图 7-2 所示。

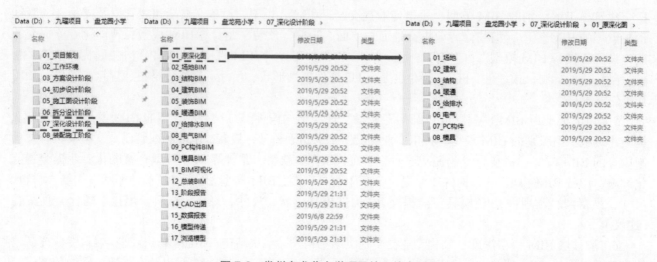

图 7-2　常州盘龙苑小学项目的文件夹组织

常州盘龙苑小学项目 BIM 技术应用从施工图阶段开始，设定了从施工图设计、拆分设计、深化设计到装配施工 4 个阶段的三级文件夹目录，如图 7-3~ 图 7-6 所示。

图 7-3　施工图设计阶段的文件夹组织

图 7-4　拆分设计阶段的文件夹组织

图 7-5　深化设计阶段的文件夹组织　　　　图 7-6　装配施工阶段的文件夹组织

## 二、相关代码

在确定项目文件命名规则之前，需要先设定相关代码，见表 7-1～ 表 7-3。

表 7-1　工程阶段代码

| 阶段（中文） | 阶段（英文） | 阶段代码 |
|---|---|---|
| 方案设计阶段 | Project Design | SD |
| 初步设计阶段 | Preliminary Design | PD |
| 施工图设计阶段 | Construction Documents Design | CD |
| 拆分设计阶段 * | PC Component Splitting | PS |
| 深化设计阶段 | Construction Preparation Design | CP |
| 施工阶段 | Construction Stage | CS |
| 竣工阶段 | Construction Completion | CC |
| 运维阶段 | Operation Maintenance | OM |

注：* 为装配式建筑专有代码。

表 7-2　楼层代码（示例）

| 楼层（中文） | 楼层代码 |
|---|---|
| 基础层 | BF |
| 地下二层 | B2 |
| 地下一层 | B1 |
| 地上一层 | 1F |
| 地上二层 | 2F |
| 地上三层 | 3F |
| 地上四层 | 4F |
| 屋面层 | RF |

表 7-3　专业代码

| 专业（中文） | 专业或系统（英文） | 专业代码 |
| --- | --- | --- |
| 场地 | Site | SE |
| 建筑 | Architecture | ARC |
| 结构 | Structure | STR |
| 机电 | Mechatronic Product | MEP |
| 幕墙 | Facade | FA |
| 景观 | Landscape | LA |
| 室内装饰 | Interior Decoration | ID |
| 暖通 | Heating and Ventilation | AC |
| 给水排水 | Water Supply and Drainage | PD |
| 电气 | Electrical | EL |
| 消火栓 | Fire Hydrant | FH |
| 喷淋 | Spray | FS |
| 预制混凝土构件 * | Precast Concrete | PC |
| PC 构件模具 * | PC Mould | PM |
| 后期浇筑混凝土 * | Later Pouring | LP |
| 全专业综合 * | Full Professional Integration | FP |

注：* 为装配式建筑专有代码。

## 三、项目文件名命名规则

（1）建筑专业 BIM 设计文件名称　项目名称 _ 区域或楼栋 _ 工程阶段 _ 专业 _ 设计师姓名 _ 日期，如盘龙苑小学 _ 食堂 _CS_ARC_ 张某 _20180701。其中，CS 指的是施工阶段，ARC 指的是建筑专业。

（2）结构专业 BIM 设计文件名称　项目名称 _ 区域或楼栋 _ 工程阶段 _ 专业 _ 设计师姓名 _ 日期，如盘龙苑小学 _ 教学楼 _CP_STR_ 郭某 _20180710。其中，CP 指的是深化设计阶段，STR 指的是结构专业。

（3）机电专业 BIM 设计文件名称　项目名称 _ 区域或楼栋 _ 工程阶段 _ 专业 _ 设计师姓名 _ 日期，如盘龙苑小学 _ 教学楼 _CD_AC_ 张某某 _20180810。其中，CD 指的是施工图设计阶段，AC 指的是暖通专业。

（4）装饰专业 BIM 设计文件名称　项目名称 _ 区域或楼栋 _ 工程阶段 _ 专业 _ 空间 _ 设计师姓名 _ 日期，如盘龙苑小学 _ 办公楼 _SD_ID_ 会议室 _ 周某 _20180820。其中，SD 指的是方案设计阶段，ID 指的是室内装饰专业。

（5）PC 专业 BIM 设计文件名称　项目名称 _ 区域或楼栋 _ 工程阶段 _ 专业 _ 楼层 _PC 构件名 _ 设计师姓名 _ 日期，如盘龙苑小学 _ 食堂 _PS_PC_3F_YB1-1_ 程某 _20181020。其中，PS 指的是拆分设计阶段，PC 指的是 PC 构件，3F 指的是三层，YB1-1 是预制构件名称。

（6）PC 模具专业 BIM 设计文件名称　项目名称 _ 区域或楼栋 _ 工程阶段 _ 专业 _ 楼层 _PC 构件名 _ 设计师姓名 _ 日期，如盘龙苑小学 _ 食堂 _CP_PM_3F_YB1-1_ 潘某某 _20181120。其中，CP 指的是深化设计阶段，PM 指的是 PC 构件模具，3F 指的是三层，YB1-1 是预制构件名称。

（7）全专业综合 BIM 模型文件名称　项目名称 _ 区域或楼栋 _ 工程阶段 _ 专业 _ 设计师姓名 _ 日期，如盘龙苑小学 _ 教学楼 _CP_FP_ 戴某 _20180910。其中，CP 指的是深化设计阶段，FP 指的是全专业综合。

以上是部分项目文件名的示例，可以根据实际情况做适当调整。

## 第 3 节　各专业构件命名规则

### 一、建筑专业构件命名规则（Revit 软件）

建筑专业构件命名规则见表 7-4。

表 7-4　建筑专业构件命名规则

| 构件类型 | 命名规则 | 命名样例 |
|---|---|---|
| 砌体墙 | 构件类型名称 _ 材质 _ 强度等级 _ 墙厚 | 实心砖墙 _M10_ 页岩实心砖 _240 厚 |
| 建筑柱 | 构件类型名称 _ 强度等级 _ 截面尺寸 | 混凝土矩形柱 _C40_500×500 |
| 构造柱 | 构件类型名称 _ 构件编号 | BIMC 构造柱 _GZZ1 |
| 圈梁 | 构件类型名称 _ 构件编号 | BIMC 圈梁 _QL1 |
| 过梁 | 构件类型名称 _ 构件编号 | BIMC 过梁 _GL1 |
| 门 | 构件类型名称 _ 截面尺寸 | 双开玻璃门 / 单开木门 _M1836 |
| 窗 | 构件类型名称 _ 截面尺寸 | 平开窗 _C0624 |
| 楼梯 | 构件类型名称 _ 构件编号 | 现浇楼梯 _1#AT1 |
| 墙洞 | 构件类型名称 _ 构件编号 _ 洞口尺寸 | 圆形洞口 / 矩形洞口 _D1_40 直径 / 900×600 |
| 屋面天沟 | 构件类型名称 _ 构件编号 | 屋面天沟 _WTG（根据图纸名称） |
| 阳台 | 构件类型名称 _ 构件编号 | 压顶 _YD1（根据图纸名称） |
| 百叶窗 | 构件类型名称 _ 截面尺寸 | 百叶窗 _C1518 |
| 雨篷 | 构件类型名称 _ 构件编号 | 雨篷 _YP（根据图纸名称） |
| 檐沟 | 构件类型名称 _ 构件编号 | 檐沟 _TG（根据图纸名称） |
| 栏杆 | 构件类型名称 _ 截面形状 _ 构件编号 | 楼梯栏杆 _ 矩形 _LG1 |
| 扶手 | 构件类型名称 _ 截面形状 _ 构件编号 | 楼梯扶手 _ 矩形 _FS1 |
| 坡道 | 构件类型名称 _ 构件编号 | 坡道 _PD1（根据图纸名称） |
| 台阶 | 构件类型名称 _ 构件编号 | 台阶 _JT1（根据图纸名称） |
| 预留洞 | 构件类型名称 _ 构件编号 | 圆形洞口 / 矩形洞口 _YD1 直径 40/JD1 900×600 |
| 板洞 | 构件类型名称 _ 构件编号 | 圆形板洞口 / 矩板形洞口 _YBD1 直径 40/JBD1 900×600 |
| 悬挑板 | 构件类型名称 _ 混凝土强度等级 _ 构件编号 | 悬挑板 _C20_XB1 |
| 竖悬板 | 构件类型名称 _ 混凝土强度等级 _ 构件编号 | 竖悬板 _C20_SXB1 |
| 压顶 | 构件类型名称 _ 混凝土强度等级 _ 构件编号 | L 形压顶 _C25_YD1 |
| 腰线 | 构件类型名称 _ 混凝土强度等级 _ 构件编号 | L 形腰线 _C25_YX1 |
| 防水反砍 | 构件类型名称 _ 混凝土强度等级 _ 构件编号 | 防水反砍 _C20_FSFK1 |
| 栏板 | 构件类型名称 _ 混凝土强度等级 _ 构件编号 | 栏板 _C25_TLB1 |
| 散水 | 构件类型名称 _ 混凝土强度等级 _ 构件编号 | 坡形散水 _C20_SS1 |
| 预埋铁件 | 构件类型名称 | 采光顶预埋铁件 |

### 二、结构专业构件命名规则（Revit 软件）

结构专业构件命名规则见表 7-5。

表 7-5　结构专业构件命名规则

| 构件类型 | 命名规则 | 命名样例 |
|---|---|---|
| 桩基 | 构件类型名称 _ 材质 _ 形状 _ 截宽 | 预制圆桩 _ 混凝土 _ 圆形 _800 |
| 砖基础 | 构件类型名称 _ 材质 _ 截面信息 | 砖基础 _ 砌体 _300×600 |
| 带形基础 | 构件类型名称 _ 材质 _ 截面信息 | 带形基础 _ 混凝土 _300×600 |
| 独立基础 | 构件类型名称 _ 截面信息 | 单阶独立基础 _3600×3600×850 |
| 筏板基础 | 构件类型名称 _ 厚度 | 筏板基础 _500 |
| 设备基础 | 构件类型名称 _ 截面信息 | 设备基础 _3600×3600×850 |
| 坑基 | 构件类型名称 _ 截面信息 | 坑基 _1500×2400×1200 |
| 坑槽 | 构件类型名称 | 坑槽 |
| 垫层 | 构件类型名称 _ 厚度 | 垫层 _100 |
| 砖胎模 | 构件类型名称 _ 厚度 | 砖胎膜 _120 |
| 结构柱 | 构件类型名称 _ 截面尺寸 | 混凝土矩形柱 _500×500 |
| 柱帽 | 构件类型名称 _ 构件编号 | 锥形柱帽 _ZM_1 |
| 结构梁 | 构件类型名称 _ 截面尺寸 | 混凝土矩形梁/混凝土变截面梁 _500×100 或者 500×1000/700 |
| 剪力墙 | 平面位置 _ 构件类型名称 _ 墙厚 | 内 _ 混凝土剪力墙 _240 厚 |
| 板 | 系统构件类型名称 _ 板厚 | 混凝土板 _100 |
| 后浇带 | 构件类型名称 | 后浇带 _ 板 |
| 止水钢板 | 构件类型名称 | 止水钢板 |
| 钢柱 | 构件类型名称 _ 截面信息 | 钢柱 1_500×500 |
| 钢梁 | 构件类型名称 _ 截面信息 | 钢梁 1_300×500 |
| 柱脚 | 构件类型名称 | 柱脚 1 |
| 钢墙板 | 构件类型名称 _ 厚度 | 钢墙板 1_200 |
| 钢楼板 | 构件类型名称 _ 厚度 | 钢楼板 1_100 |
| 五金型材 | 构件类型名称 _ 截面信息 | GL1_250×100×8 |
| 其他型钢 | 构件类型名称 | 其他型钢 |

## 三、机电专业构件命名规则（Revit 软件）

机电专业构件命名规则见表 7-6。

表 7-6　机电专业构件命名规则

| 专业 | 构件类型 | 命名规则 | 命名样例 |
|---|---|---|---|
| 常规水暖 | 管道 | 构件类型名称 _ 材质 _ 截面信息 | 内外热镀锌钢管 _DN_150 |
| | 水泵 | 设备名称 _ 设备型号 | 变频供水泵（商业）_AAB200/0.75_4（立式） |
| | 气压罐 | 设备名称 | QYG-1 |
| | 水箱 | 设备名称 | 生活给水箱 |
| | 管道阀门、水表、过滤器、防止倒流器 | 设备名称 _ 公称直径 | 截止阀 _25mm、水表、过滤器 |
| | 隔油池 | 设备名称 | 隔油池 |
| | 地漏 | 设备名称 | 地漏 |
| | 大便器、小便器、洗脸盆 | 设备名称 | 大便器、小便器、洗脸盆 |
| | 消火栓 | 设备名称 | 消火栓 |
| | 水泵结合器 | 设备名称 | 水泵结合器 |
| | 喷淋头 | 设备名称 | 喷淋头 |
| | 湿式报警阀 | 设备名称 _ 公称直径 | 湿式报警阀 _25mm |
| | 水流指示器 | 设备名称 | 水流指示器 |

（续）

| 专业 | 构件类型 | 命名规则 | 命名样例 |
|---|---|---|---|
| 暖通 | 风管 | 构件名称 _ 材质 _ 系统类型 _ 壁厚 | 矩形风管 _ 镀锌钢板 _SF 送风系统 _0.7 |
| | 风管大小头、风管三通、四通 | 构件名称 _ 材质 _ 系统类型 _ 壁厚 | 风管大小头、风管三通、四通 _ 镀锌钢板 _SF 送风系统 _0.7 |
| | 风机 | 设备名称 _ 规格型号 | 混流风机 _BF201CS |
| | 风口 | 设备名称 _ 规格型号 | 单层活动百叶风口 _200×200 |
| | 风机盘管 | 设备名称 _ 规格型号 | 卧室暗装静音型风机盘管 _FP-6.3 |
| | 空调设备 | 设备名称 _ 规格型号 | 组合空调器 _K201CS |
| | 空气幕 | 设备名称 _ 规格型号 | 空气幕 _FM-1、25-18B |
| | 消声器 | 设备名称 _ 规格型号 | 阻抗复合式消声器 _T701-6 |
| | 散流器 | 设备名称 _ 规格型号 | 方形散流器 _320×320 |
| | 风管阀门 | 阀门类型 _ 规格型号 | 280℃矩形防火阀 _500×320 |
| 电气 | 配管与线缆 | 管线名称 _ 材质 | 带配件的线管 _SC20 |
| | 电气设备 | 设备名称 _ 设备型号 | 单管防水防爆荧光灯 _BAY-D |
| | 变压器 | 设备名称 _ 设备型号 | 变压器 _SCB10-1000kVA/10kV/0.4kV |
| | 配电箱柜 | 设备名称 _ 设备型号 | 照明配电箱柜 _PZ20 |
| | 电动机 | 设备名称 _ 设备型号 | 电动机 _Y-200L-2 |
| | 吸顶灯 | 设备名称 _ 设备型号 | 吸顶灯 _40W |
| | 格栅灯 | 设备名称 _ 设备型号 | 格栅灯 _2×21W |
| | 支架灯 | 设备名称 _ 设备型号 | 支架灯 _LED |
| | 航空指示灯 | 设备名称 _ 设备型号 | 航空指示灯 _L856 |
| | 疏散指示灯 | 设备名称 _ 设备型号 | 疏散指示灯 _N-BLZD-1LROEI2 WAEA |
| | 应急灯、壁灯、节能灯、防水防尘灯、座头灯、感应灯等其他灯具 | 设备名称 _ 设备型号 | 应急灯 _YYJD-ZZ-66 |
| | 普通开关 | 设备名称 _ 设备型号 | 单联单控开关 _86 |
| | 开关电源 | 设备名称 _ 设备型号 | 开关电源 _S-15-5 |
| | 插座 | 设备名称 _ 设备型号 | 单项插座 _86 |
| | 荧光灯 | 设备名称 _ 设备型号 | 单管荧光灯 _T12 |
| | 桥架 | 构件名称 _ 材质 _ 截面信息 | 托盘式桥架 _ 镀锌 _250×100 |
| | 母线 | 构件名称 _ 平面形状 | 母线 _ 水平段 / 垂直段 /Z 型弯头垂直 |

## 四、PC 构件命名规则（Revit 和 Bentley ProStructures 软件）

PC 构件命名规则见表 7-7。

表 7-7　PC 构件命名规则

| 专业 | 构件类型 | 命名规则 | 命名样例 | 备注 |
|---|---|---|---|---|
| PC 构件 | 预制墙 | 专业 _ 楼层 _ 预制墙名称 _ 材质 _ 墙厚 | PC_3F_WQ_C30_290 | 构件名称可自定义 |
| | 预制柱 | 专业 _ 楼层 _ 预制柱名称 _ 强度等级 _ 宽度 × 长度 | PC_3F_Z-D1_C30_500×500 | 构件名称可自定义 |
| | 预制楼板 | 专业 _ 楼层 _ 预制楼板名称 _ 材质 _ 板厚 | PC_3F_B-2_C30_60 | 构件名称可自定义 |
| | 预制楼梯 | 专业 _ 楼层 _ 预制楼梯名称 _ 材质 | PC_3F_LT-1_C30 | 构件名称可自定义 |
| | 预制梁 | 专业 _ 楼层 _ 预制梁名称 _ 强度等级 _ 截面尺寸 | PC_3F_L-1_C30_200×470 | 构件名称可自定义 |
| PC 模具 | | 专业 _ 楼层 _PC 构件名称 | PM_3F_WQ-2 | 零件名称可自定义 |
| 后期浇筑构件 | 后浇墙 | 专业 _ 楼层 _ 后浇墙名称 _ 材质 _ 墙厚 | LP_3F_WQ_C30_290 | 原结构构件拆分为 PC 构件和后浇构件,此为后浇构件命名规则 |
| | 后浇柱 | 专业 _ 楼层 _ 后浇柱名称 _ 强度等级 _ 宽度 × 长度 × 高度 | LP_3F_Z-D1_C30_500×500×820 | |
| | 后浇楼板 | 专业 _ 楼层 _ 后浇楼板名称 _ 材质 _ 板厚 | LP_3F_B-2_C30_70 | |
| | 后浇梁 | 专业 _ 楼层 _ 后浇梁名称 _ 强度等级 _ 截面尺寸 | LP_3F_L-1_C30_200×130 | |

# 第4节  机电专业系统名称及其颜色标准

建筑机电专业一般分为暖通、给水排水和电气三大专业。各系统名称及其颜色见表 7-8~ 表 7-10。

表 7-8  暖通专业系统名称及其颜色

| 系统类别 | 颜色 | RGB 值 | 系统类别 | 颜色 | RGB 值 |
|---|---|---|---|---|---|
| K-AHWR 空调热水回水管 | | 255,153,0 | K-AHWS 空调热水供水管 | | 255,0,128 |
| K-CHR 冷、热水回水管 | | 128,0,128 | K-CHS 冷、热水供水管 | | 128,0,255 |
| K-CHWR 冷冻水回水管 | | 102，153,255 | K-CHWS 冷冻水供水管 | | 0,0,255 |
| K-CTCW 冷却塔补水管 | | 0,255,0 | K-CTWR 冷却回水管 | | 120,228,228 |
| K-CTWS 冷却供水管 | | 128,128,255 | K-CTX 冷却循环水管 | | 0,255,0 |
| K-D 空调排水管 | | 0,153,254 | K-E 膨胀水管 | | 0,128,128 |
| K-HWR 采暖回水管 | | 255,255,0 | K-HWS 采暖供水管 | | 255,255,0 |
| K-LN 空调冷凝水管 | | 0,153,254 | K-MU 空调补水管 | | 0,153,50 |
| K-R 冷媒管 | | 102,0,255 | K-SC 蒸汽凝结水管 | | 0,128,192 |
| K-SV 安全管 | | 255,128,192 | K-S 蒸汽管 | | 0,128,192 |
| K-V 放气管 | | 255,128,192 | K-BF 补风管 | | 0,153,255 |
| K-EA 排风管 | | 255,153,0 | K-KE 厨房排油烟管 | | 128,64,64 |
| K-OA 空调新风管 | | 0,255,0 | K-PA 加压送风管 | | 0,0,255 |
| K-PPY 排风兼排烟风管 | | 128,64,0 | K-RA 空调回风管 | | 255,153,255 |
| K-SA 空调送风管 | | 102,153,255 | K-SE 排烟风管 | | 128,128,0 |
| K-SSF 消防补风管 | | 255,128,128 | | | |

表 7-9  给水排水专业系统名称及其颜色

| 系统类别 | 颜色 | RGB 值 | 系统类别 | 颜色 | RGB 值 |
|---|---|---|---|---|---|
| S-CWO 市政直供给水总管 | | 0,255,0 | S-CW 冷水给水管 | | 0,255,0 |
| S-FD 自动喷淋试验排水管 | | 255,128,128 | S-FH 消火栓系统 | | 255,0,0 |
| S-F 废水管 | | 153,51，51 | S-H 热水给水管 | | 128,0,0 |
| S-Q 气体管道 | | 0,255,255 | S-RH 热水回水管 | | 255,0,255 |
| S-RMH 热媒回水管 | | 255,0,255 | S-RM 热媒供水管 | | 128,0,0 |
| S-SPCW 消防水箱出水管 | | 255,128,128 | S-SP 自动喷淋灭火系统 | | 255,128,128 |
| S-T 通气管 | | 51,0,51 | S-W 污水管 | | 153,153,0 |
| S-YF 压力废水管 | | 100,30,30 | S-YW 压力污水管 | | 75,75,0 |
| S-YY 压力雨水管 | | 150,150,0 | S-Y 雨水管 | | 255,255,0 |
| S-ZJ 中水系统 | | 255,255,128 | S-QT 其他消防系统 | | 255,0,0 |
| S-GX 干式消防系统 | | 255,0,0 | | | |

表 7-10  电气专业系统名称及其颜色

| 桥架名称 | 颜色 | RGB 值 | 桥架名称 | 颜色 | RGB 值 |
|---|---|---|---|---|---|
| E- 强电 - 电缆托盘 | | 255,0,255 | E- 弱电 - 消防防火线槽 | | 040,148,255 |
| E- 强电 - 电缆桥架 | | 255,0,0 | E- 弱电 - 消防金属线槽 | | 011,092,244 |
| E- 强电 - 防火桥架 | | 0,255,0 | E- 弱电 - 内网线槽 | | 1,180,162 |
| | | | E- 弱电 - 弱电金属线槽 | | 1,180,162 |

# 第 8 章
# 施工图设计阶段 BIM 建模标准

## 第 1 节　施工图设计阶段 BIM 建模流程与协同工作方式

### 一、BIM 建模流程

盘龙苑小学项目的 BIM 技术应用是从施工图完成之后开始的，不能等同正向 BIM 设计。因此，各专业根据对应的施工图进行 BIM 建模的顺序也不相同。同时，为避免各专业重复构件的建模，提高建模效率，需要先制定施工图设计阶段 BIM 建模流程，如图 8-1 所示，→表示项目文件传递方向。

施工图设计阶段 BIM 建模流程说明：

1）流程①：结构和场地专业同步创建各自的 BIM 模型文件，确定场地内多栋建筑的项目基点位置。

2）流程②：建筑和暖通专业同步创建各自的 BIM 模型文件，建筑专业内涉及机电专业的构件族，如灯具，需要为其添加机电连接件和相关机电专业参数。

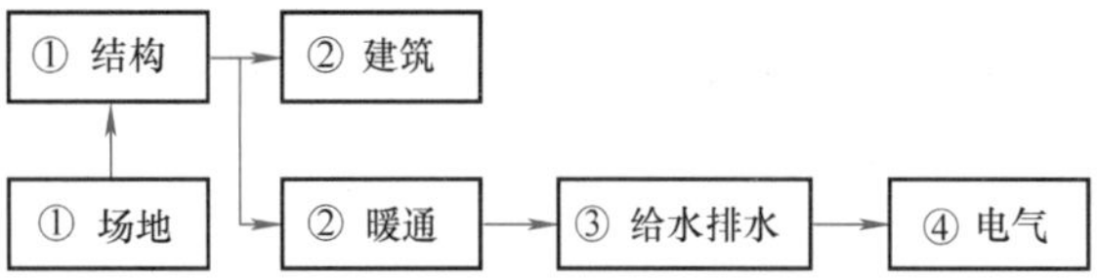

图 8-1　施工图设计阶段 BIM 建模流程

3）流程③：创建给水排水专业 BIM 模型文件。

4）流程④：创建电气专业 BIM 模型文件。

### 二、基于 Revit 软件的协同工作方式

施工图设计阶段各专业 BIM 模型由 Revit 软件或基于 Revit 软件开发的国产软件创建，各专业 BIM 模型之间采用 "链接 Revit"，即 　　方式进行协同工作。根据上述 BIM 建模流程，后续专业通过 "复制/监视" 即 　　工具复制前置专业 Revit 文件中属于当前专业的构件。例如，建筑专业复制结构专业 Revit 文件中的楼板和墙体构件，无须再次创建，仅需要为其创建面层构件。

尽量采用复制链接的上游专业 BIM 模型文件中的本专业构件，一是可以减少重复建模工作量；二是可以将当前专业 BIM 模型文件与上游专业的 BIM 模型文件建立监视关系，一旦上游专业的 BIM 模型文件发生变更，可以及时获知。

## 第 2 节　施工图设计阶段场地专业 BIM 建模标准

场地专业涉及地形、市政交通、市政管线、景观、园林等专业，由于涉及学科较多，本书不做重点。

目前，还没有一套软件可以涵盖这些专业 BIM 设计软件。常用的地形、市政交通、市政管线等专业的 BIM 软件有 Autodesk AutoCAD Civil 3D、Bentley Open Roads Designer 软件。Nemetschek Vector Works 软件则是国内唯一一款景观、园林 BIM 设计软件，其中也包含简单的市政道路设计模块。但由于某些原因，

Vector Works 软件在国内用户极少，不具备场地专业 BIM 设计应用的普遍性。

Revit 软件也内置了简单的场地专业设计模块，可以满足基本的设计需求。地形设计是场地设计的基础，市政道路、市管线、景观、园林等专业的构件都是基于地形进行设计。所以本节主要介绍基于"实景建模 +BIM（Revit 软件）"技术的地形 BIM 建模标准。

## 一、项目文件命名与保存位置

按照"项目名称 _ 区域或楼栋 _ 工程阶段 _ 专业 _ 设计师姓名 _ 日期"对结构专业 BIM 模型文件进行命名，如"盘龙苑小学 _ 食堂 _CD_SE_ 毕某 _20180701"。其中，CD 指的是施工图设计阶段，SE 指的是场地专业。

文件保存于"D:\ 九曜项目 \ 盘龙苑小学 \05_ 施工图设计阶段 \02_ 场地 BIM"路径下。

## 二、在 Autodesk Revit 软件中创建现有地形的方法

1）第一种是手动放置高程点来创建现有地形，此方法仅适合于极小块场地。

2）第二种是拾取导入的等高线地形图（DWG 或 DXF 格式）进行创建，此方法需要每根等高线都具有准确的三维高程位置。但在实际工作中，极少有精准的等高线地形图，即使有，也无法表达现有地块的地形地貌。

3）第三种是拾取导入的高程点文件来创建现有地形，此方法可表达现有地块的地形地貌。

4）第四种是借助 Revit 软件的地形设计插件，如 Site Designer，将外部的 LandXML 格式地形文件导入来创建现有地形。此方法扩展了地形数据的来源。我们可以利用实景建模技术，将无人机航拍照片生成真实的带地理信息的三维地形文件，经过处理后导入 Revit 软件进行场地设计。

## 三、基于"实景建模 +BIM"技术真实场地设计流程

基于"实景建模 +BIM"技术真实场地设计流程如图 8-2 所示。

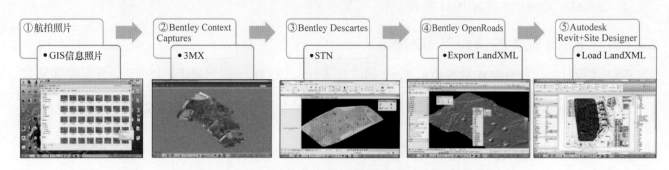

图 8-2　基于"实景建模 +BIM"技术的真实场地设计流程图

基于"实景建模 +BIM"技术的真实场地设计流程说明：

① 照一定飞行规则，进行地块航拍。

② 使用 Bentley Context Captures 软件将航拍照片生成 3MX 格式的场地实景模型，并使用 Acute 3D Viewer 浏览器进行场地分析，如测量高程、距离、面积和体积，以及粗略基坑挖方测量。

③ 使用 Bentley Descartes 软件对场地实景模型进行处理，提取 STN 格式的带有地理信息的三维地形。

④ 使用 Bentley OpenRoads 软件的三维地形进行定位，并导出 LandXML 格式的地形文件。

⑤ 使用 Revit 软件的 Site Designer 插件，导入 LandXML 格式的地形文件，并进行场地设计。

需要注意的是，在场地设计过程中，一共有三个阶段的地形。第一个是现有地形，即反映现有地形、地貌的地形；第二个是施工图地形，即建设项目竣工交付的地形，包括道路、景观、小品、地坪、园林等

内容；第三个是施工阶段地形，包括基坑、挖方、填方、道路、堆场等内容。可在 Revit 软件"阶段化"
即  中设置工程阶段，并赋予相应的地形。

## 四、Site Designer 插件安装

### （一）Site Designer 插件简介

Site Designer 插件是一款基于 Revit 软件开发的场地设计插件，包括地形文件导入\导出、地形表面转
换、场地构件设计、场地构件编辑、报告等模块，如图 8-3 所示。

图 8-3　Site Designer 功能模块

### （二）Site Designer 插件安装

双击系统桌面上的"Autodesk 桌面应用程序"，弹出的对话框会显示 Autodesk 公司提供的当前计算机
安装的所有 Autodesk 软件的免费插件，找到对应的 Revit 软件版本的 Site Designer 插件（图 8-4），单击"更
新"按钮可自动下载、安装。

图 8-4　Autodesk 桌面应用程序

## 五、地形 BIM 建模标准

1）使用 Site Designer 插件的"Import LandXML"即 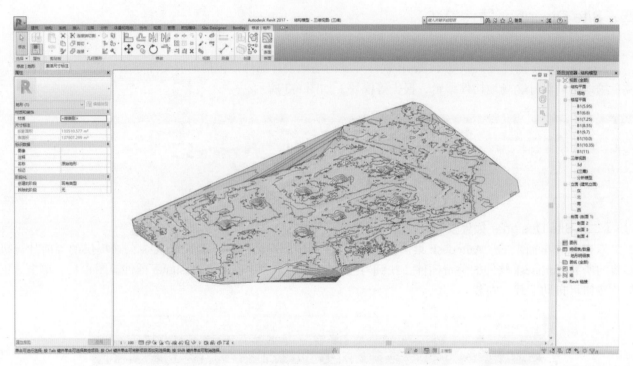 工具导入地形文件后，为其命名为"原始地形"，修改其创建阶段为"现有类型"，如图 8-5 所示。

图 8-5　导入的 LandXML 格式的"原始地形"模型

2）使用 Revit 软件"修改场地"工具组中的"平整区域"即 工具拾取"原始地形"模型，创建名为"设计地形"的地形，修改其创建阶段为"新构造"，如图 8-6 所示。

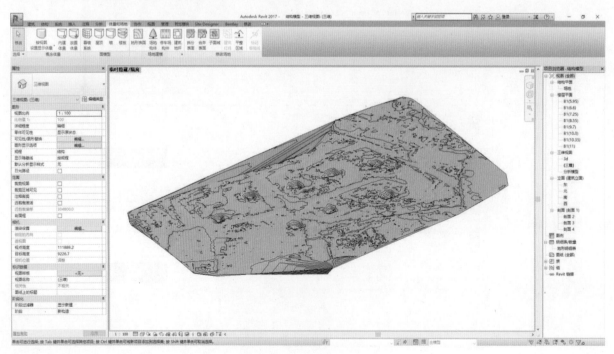

图 8-6　"设计地形"模型

3）进行场地设计，如图 8-7 所示。

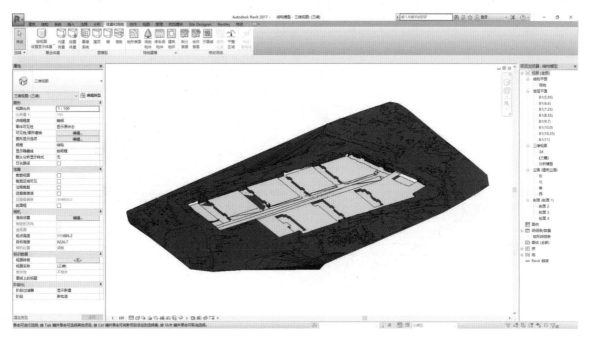

图 8-7　施工图设计阶段场地模型

4）由于在 Revit 软件内建地形模型无法进行工程量统计，因此可在楼板"类型属性"设置构造层并勾选"可变"（图 8-8），便可使用楼板的"编辑子图元"功能，完成一些复杂场地构件（道路、地下库顶部覆土、景观地形等）的设计，如图 8-9 所示。具体命名规则请参考前文。

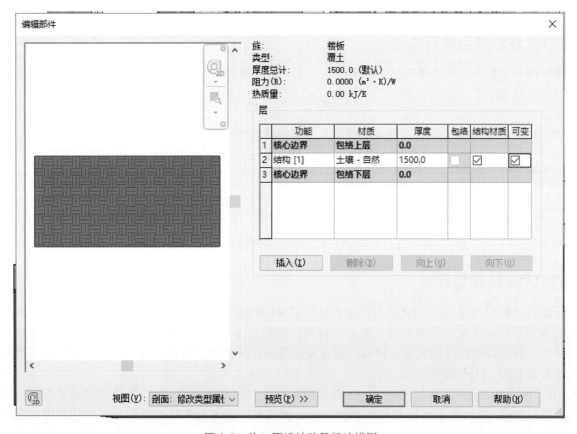

图 8-8　施工图设计阶段场地模型

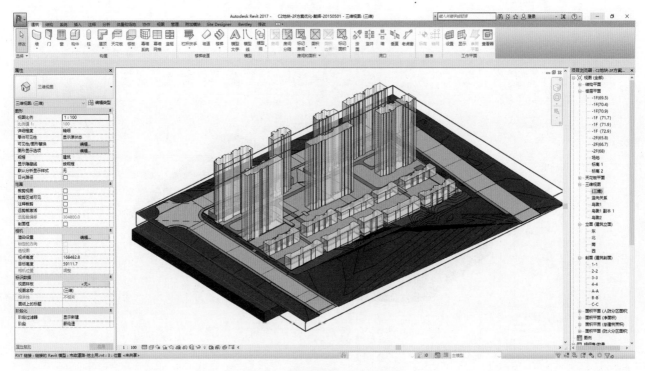

图 8-9　使用楼板构件创建地形

# 第 3 节　施工图设计阶段结构专业 BIM 建模标准

## 一、项目文件命名与保存位置

按照"项目名称_区域或楼栋_工程阶段_专业_设计师姓名_日期"对结构专业 BIM 模型文件进行命名，如"盘龙苑小学_食堂_CD_STR_张某_20180701"。其中，CD 指的是施工图设计阶段，STR 指的是结构专业。

文件保存于"D:\ 九曜项目 \ 盘龙苑小学 \05_ 施工图设计阶段 \03_ 结构 BIM"路径下。

## 二、项目基准点设置

在多个三维设计或 BIM 设计软件进行协同设计，各专业、各阶段设计文件之间需要参考的位置尤其重要。每个三维设计或 BIM 设计软件的视口中都有一个原点，其值为 X = 0、Y = 0、Z = 0。通常将轴网的 A 轴和 1 轴的交点与此点对齐，以保证各设计文件的准确定位，如图 8-10 所示。

## 三、结构柱 BIM 建模标准

施工图设计阶段结构专业 BIM 建模所用的软件是 Revit 软件。当前我国的结构深化 BIM 设计软件基本上使用的是国外产品，这些国外软件一般不支持多边形截面结构构件的配筋。另外，由于 Revit 软件的项目文件较大，对计算机硬件配置要求较高，很难完成整栋建筑的钢筋建模工作，因此，需要借助其他轻量化的结构深化 BIM 设计软件来完成。

Bentley ProStructures 软件仅支持对矩形截面结构柱配筋。所以，在 Revit 软件中创建异形截面的结构柱时，严禁采用 Revit 软件中墙构件拼装多边形剪力墙构件，或多边形结构柱族文件创建剪力墙构件，必须采用矩形结构柱拼装的方式创建，如图 8-11 和图 8-12 所示。同时，必须保证多个矩形结构柱之间重叠部分存在。但可以使用"剪切几何图形"即 剪切几何图形 工具进行结构构件的剪切操作。按照施工图设置楼板和设置结构柱材质。

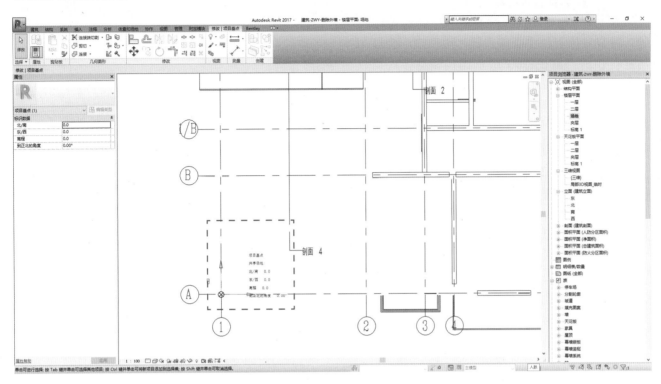

图 8-10　原点（项目基点）位置与值

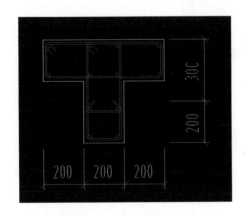

图 8-11　T 形结构柱配筋图

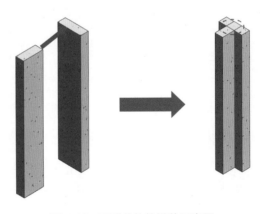

图 8-12　T 形结构柱拼装示意图

## 四、结构梁 BIM 建模标准

在 Revit 软件中，在绘制柱与柱间的结构梁时，通常是捕捉柱中心点进行绘制，然后软件会自动进行扣剪。但在将 Revit 的结构模型导入到其他软件如 Bentley ProStructures 软件中时，原来扣剪的部分则会重新出现，将给后期模型处理带来不小的工作量。所以，为避免后期的修改，在施工图设计阶段需要按柱边到柱边创建结构梁构件，如图 8-13 所示。按照施工图设置楼板和结构梁材质。

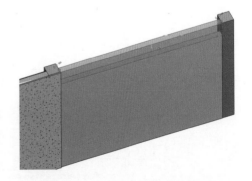

图 8-13　柱边到柱边创建结构梁

## 五、结构墙 BIM 建模标准

### （一）柱边到柱边绘制结构墙

在 Revit 软件中，在绘制柱与柱间的墙体时，通常是捕捉柱中心点进行，然后软件会自动进行扣剪。但在将 Revit 的结构模型导入到其他软件，如 Bentley ProStructures 软件中时，原来扣剪的部分则会重新出现，将给模型处理带来不小的工作量。所以，为避免后期的修改，在施工图设计阶段需要按柱边到柱边绘制结构墙构件，如图 8-14 所示，并按照施工图设置楼板和结构墙材质。

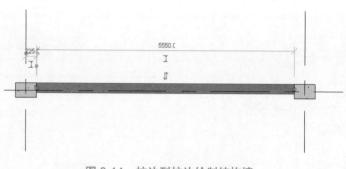

图 8-14　柱边到柱边绘制结构墙

### （二）结构墙上部边界应与结构梁底部边界对齐

同样，为了保证在拆分设计和深化设计阶段避免因为对原墙体的修改而增加工作量，在施工图设计阶段应使建筑墙体上部边界对齐到结构梁底部边界。不能用"连接几何图形"即 [剪切几何图形] 工具剪切墙体与结构柱重叠部分，而要用墙体"实例属性"栏中的"顶部偏移"或修改墙轮廓，如图 8-15 所示。

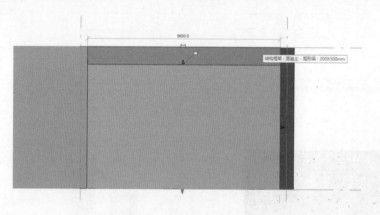

图 8-15　结构墙与结构梁的关系

## 六、结构楼板 BIM 建模标准

根据实际的结构标高，按空间或房间边界，逐块地创建结构楼板，如图 8-16 所示，图中蓝色透明部分为结构楼板。严禁整个楼层的同一标高仅创建一块结构楼板。按照施工图，为楼板设置材质。

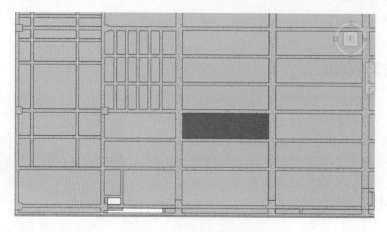

图 8-16　结构楼板创建结果

## 七、其他结构构件 BIM 建模标准

其他结构构件的建模，应参照施工图，创建构件的 BIM 模型，并设置相应的结构材质。

# 第 4 节　施工图设计阶段建筑专业 BIM 建模标准

## 一、项目文件命名与保存位置

按照"项目名称 _ 区域或楼栋 _ 工程阶段 _ 专业 _ 设计师姓名 _ 日期"对建筑专业 BIM 模型文件进行命名，如"盘龙苑小学 _ 食堂 _CD_ARC_ 戴某 _20180703"。其中，CD 指的是施工图设计阶段，ARC 指的是建筑专业。

文件保存于"D:\ 九曜项目 \ 盘龙苑小学 \05_ 施工图设计阶段 \04_ 建筑 BIM"路径下。

## 二、链接结构专业 Revit 文件

施工图设计阶段建筑专业 BIM 建模所用的软件是 Revit 软件。新建建筑专业 Revit 文件，按"自动 – 原点到原点"方式链接结构专业 Revit 文件，如图 8-17 所示。基于结构专业 Revit 文件的结构标高，设置偏移值，复制标高，如图 8-18 所示。

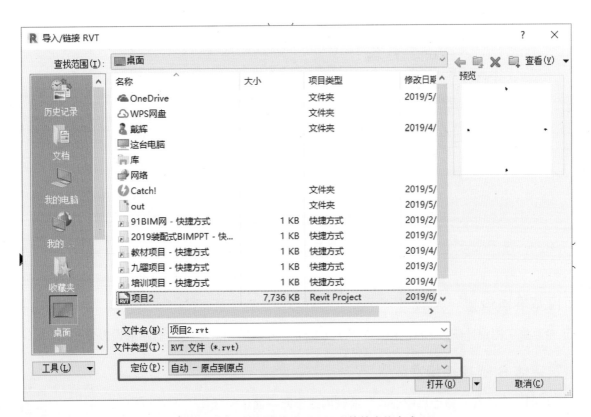

图 8-17　链接结构专业 Revit 文件的定位方式

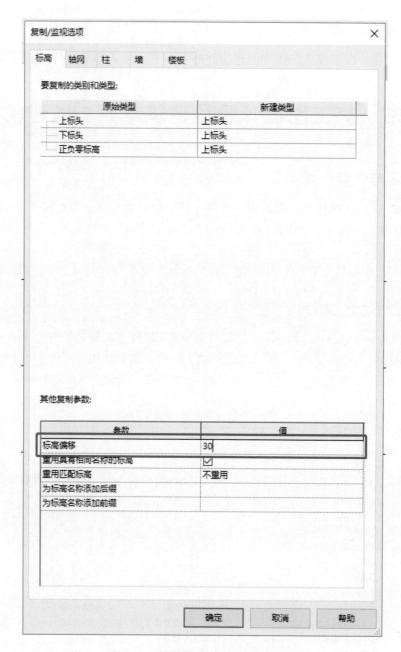

图 8-18　设置复制结构标高的偏移值

## 三、项目基准点设置

建筑专业施工图设计阶段 BIM 建模基准点设置同结构专业 BIM 建模项目基准点设置。

## 四、建筑墙体 BIM 建模标准

### （一）按照"定位线：核心层中心线"沿轴网或参照平面绘制墙体

一般在建筑方案或初步设计阶段，将墙体厚度设为 200mm，此厚度通常是指结构墙体厚度。在施工图设计阶段再为墙体添加构造层，因在 PC 深化设计阶段外墙全部预制，其厚度可能超过 200mm。

如果按"定位线：墙中心线"绘制 200mm 墙体，当为其添加构造层时，假设其结构层加面层总厚度是 290mm，墙体会以轴网为中心线向两边平均分布厚度。Revit 软件中的核心层即结构层，当采用"定位线：核心层中心线"绘制时，绘制的墙体会保持结构层与轴网的位置关系，如图 8-19 所示。

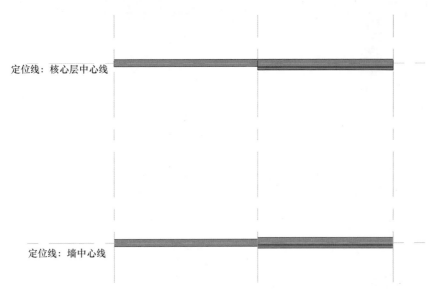

图 8-19　"定位线：墙中心线"与"定位线：核心层中心线"绘制的墙体的区别

### （二）柱边到柱边创建墙体构件

在 Revit 软件中，绘制柱与柱间的墙体时，通常是捕捉柱中心点进行，然后软件会自动进行扣剪。但在拆分设计阶段，需要将建筑墙体定义为 PC 墙体，还需要再次处理边界。因此，为避免墙体模型的修改工作，必须按柱边到柱边创建墙体构件，如图 8-20 所示。

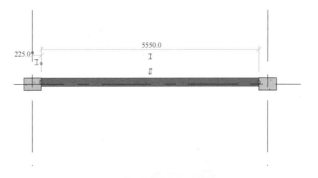

图 8-20　柱边到柱边创建墙体构件

### （三）墙体核心层两侧的面层绘制应以新建带构造层墙体类型进行创建

按柱边到柱边创建墙体构件，无法通过设置墙体构造层为墙体创建核心层两侧的面层。同时，也为了保证在拆分设计和深化设计阶段避免因为对原墙体的修改而导致面层丢失情况的出现，墙体核心层两侧的构件绘制应新建带构造墙体类型，核心层设置为与当前位置建筑墙体相等厚度，并将核心层设置为空气层，沿核心层中心线进行重新创建，如图 8-21 所示。使用"剪切几何图形"即 工具剪切墙体与结构柱重叠部分，如图 8-22 所示。

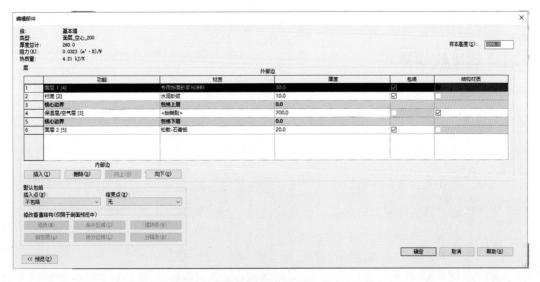

图 8-21　墙体面层类型构造层设置（示例）

图 8-22　建筑墙与墙体面层

### （四）建筑墙上部边界应与结构梁底部边界对齐

同样，为了保证在拆分设计和深化设计阶段避免因为对原墙体的修改而增加工作量，在施工图设计阶段应将建筑墙体上部边界对齐到结构梁底部边界。不能用"连接几何图形"即 [剪切几何图形] 工具剪切墙体与结构柱重叠部分，而要用墙体"实例属性"栏中的"顶部偏移"修改墙轮廓，如图 8-23 所示。

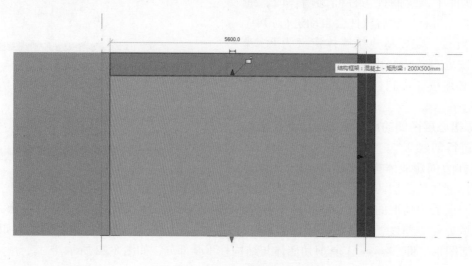

图 8-23　建筑墙与结构梁的关系

## 五、墙体洞口 BIM 建模标准

在 Revit 软件中，不需要为墙体上的门窗洞口单独开洞，将门窗放置在相应位置的墙体口，软件自动开洞。门窗插入墙体开洞或使用"墙洞口"即 [墙洞口] 工具开洞，其原理都是用空心模型剪切实心模型。但在 PC 深化设计阶段，通常是用内建模型或族来创建 PC 外墙模型，标准墙体则无法使用，门窗的主体是标准墙体，门窗会丢失，洞口也会丢失。强烈建议使用"编辑轮廓"即 [编辑轮廓] 工具创建墙体门窗洞口。

同理，涉及到其他类型墙体洞口的操作，也建议使用"编辑轮廓"工具，禁用"墙洞口"工具。

## 六、门窗 BIM 建模标准

根据上文墙体洞口 BIM 建模标准，门窗 BIM 建模也应在 Revit 软件中，先将需要放置门或窗的墙体，使用"编辑轮廓"工具创建洞口；再将项目所需的门或窗做成单个项目文件，使用"作为组载入"即工具载入门或窗项目文件（其文件格式为 .rvt），放置在洞口中，如图 8-24 所示。

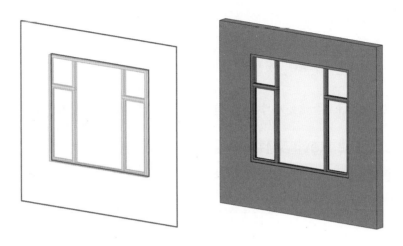

图 8-24　窗构件成组放置在墙体上

## 七、建筑楼板 BIM 建模标准

根据实际的建筑标高，按空间或房间边界，逐块地创建建筑楼板。无须创建结构层，仅创建结构层两侧的面层即可。严禁整个楼层的同一标高仅创建为一块建筑楼板。按照建筑专业施工图，为楼板设置材质。

## 八、其他建筑专业构件 BIM 建模标准

其他建筑专业构件按照建筑专业施工图要求建模，并设置材质。需要注意的是在布置房间或空间的电器设备时，如灯具、通风、洁具等设备，需要为其族添加机电连接件，并设置相关机电参数，如图 8-25 所示。

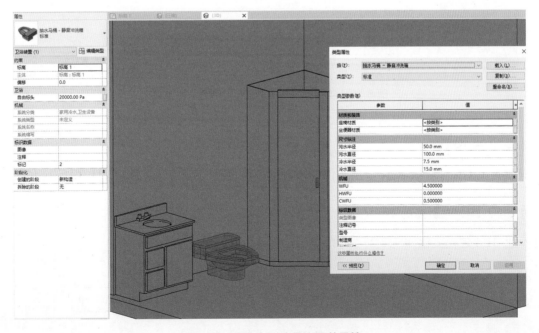

图 8-25　建筑专业洁具族及其属性

# 第 5 节　施工图设计阶段暖通专业 BIM 建模标准

## 一、项目文件命名与保存位置

按照"项目名称_区域或楼栋_工程阶段_专业_设计师姓名_日期"对暖通专业 BIM 模型文件进行命名，如"盘龙苑小学_食堂_CD_AC_侯某某_20180705"。其中，CD 指的是施工图设计阶段，AC 指的是暖通专业。

文件保存于"D:\九曜项目\盘龙苑小学\05_施工图设计阶段\05_暖通 BIM"路径下。

## 二、链接结构和建筑专业 Revit 文件

施工图设计阶段暖通专业 BIM 建模所用的软件是 Revit 和基于其开发的鸿业蜘蛛侠软件。新建暖通专业 Revit 文件，按"自动–原点到原点"方式链接结构和建筑专业 Revit 文件，如图 8-26 所示。基于建筑专业 Revit 文件的结构标高，复制标高，复制建筑专业 Revit 文件中属于暖通专业的设备。

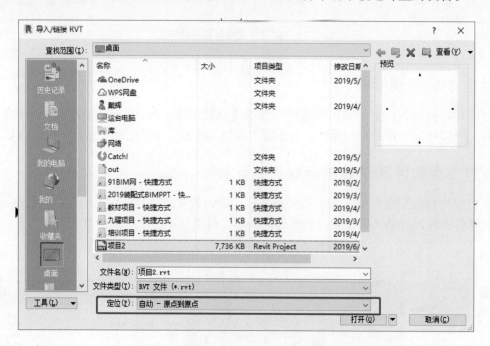

图 8-26　链接其他专业 Revit 文件的定位方式

## 三、项目基准点设置

暖通专业施工图设计阶段 BIM 模型文件的项目基准点设置同结构专业 BIM 建模项目基准点设置。

## 四、暖通专业 BIM 建模流程

暖通专业 BIM 建模流程如图 8-27 所示。

图 8-27　暖通专业 BIM 建模流程

暖通专业 BIM 建模流程说明：

① 在"机械设置"面板中（图 8-28），设置暖通专业相关参数，如风管类型、尺寸等。

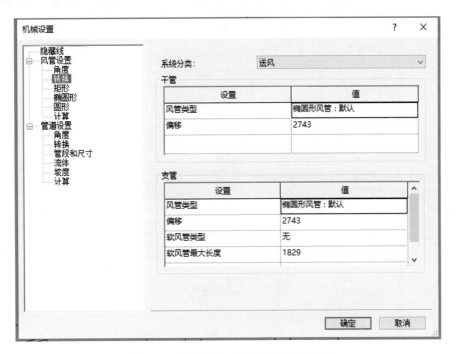

图 8-28　暖通专业"机械设置"对话框

② 基于现有的风管和管道系统，进行修改或新建，如图 8-29 和图 8-30 所示。

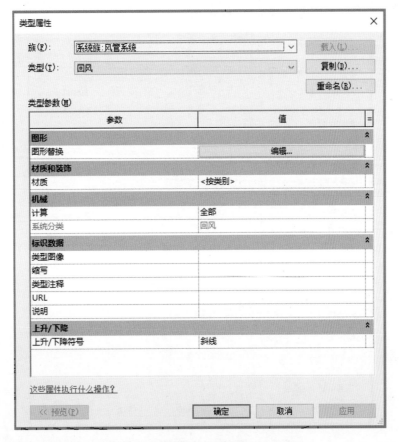

图 8-29　风管系统"类型属性"对话框

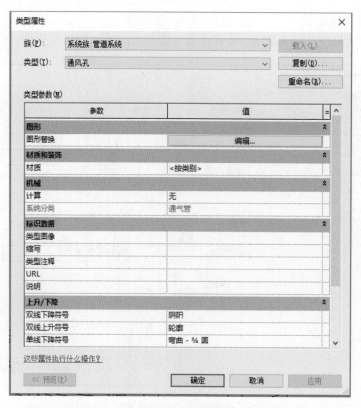

图 8-30　管道系统"类型属性"对话框

③ 布置暖通专业的设备和末端。

④ 设置风管和管道类型，如图 8-31 和图 8-32 所示。

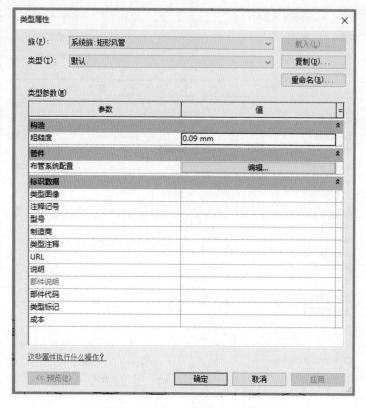

图 8-31　风管"类型属性"对话框

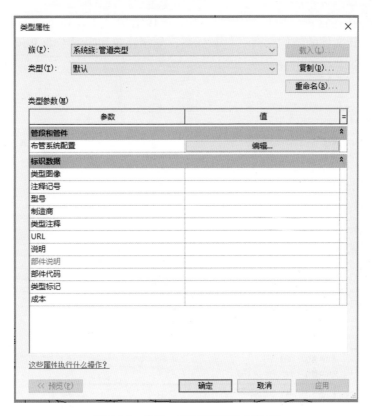

图 8-32 管道 "类型属性" 对话框

⑤ 创建风管和管道。

⑥ 风管和管道的系统分析。

### 五、暖通专业 BIM 建模标准

如果暖通专业 BIM 文件较大，或为加快 BIM 建模效率需要将暖通专业 BIM 文件拆分成多个文件时，必须按照暖通专业系统进行拆分，保证整个建筑暖通专业系统 BIM 模型完整，严禁按楼层拆分暖通专业 BIM。因为，楼板上的预留孔洞位置是由地下室的立管决定，按楼层拆分，有可能造成各楼层立管位置的偏移，导致楼板预留孔洞的不准确。

暖通专业在施工图阶段要根据施工图创建对应级别的设备、管道、末端等 BIM 模型。

# 第 6 节 施工图设计阶段给水排水专业 BIM 建模标准

### 一、项目文件命名与保存位置

按照 "项目名称 _ 区域或楼栋 _ 工程阶段 _ 专业 _ 设计师姓名 _ 日期" 对给水排水专业 BIM 模型文件进行命名，如 "盘龙苑小学 _ 食堂 _CD_PD_ 张某某 _20180707"。其中，CD 指的是施工图设计阶段，PD 指的是给水排水专业。

文件保存于 "D:\ 九曜项目 \ 盘龙苑小学 \05_ 施工图设计阶段 \06_ 给水排水 BIM" 路径下。

### 二、链接结构、建筑和暖通专业 Revit 文件

施工图设计阶段给水排水专业 BIM 建模所用的软件是 Revit 和基于其开发的鸿业蜘蛛侠软件。新建给

水排水专业 Revit 文件，按"自动 – 原点到原点"方式链接结构、建筑和暖通专业 Revit 文件，如图 8-33 所示。基于建筑专业 Revit 文件的结构标高，复制标高，复制建筑和暖通专业 Revit 文件中属于给水排水专业的设备。

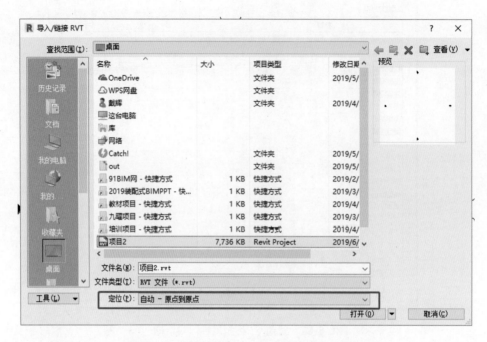

图 8-33　链接其他专业 Revit 文件的定位方式

## 三、项目基准点设置

给水排水专业施工图设计阶段 BIM 模型文件的项目基准点设置同结构专业 BIM 建模项目基准点设置。

## 四、给水排水专业 BIM 建模流程

给水排水专业 BIM 建模流程如图 8-34 所示。

图 8-34　给水排水专业 BIM 建模流程

给水排水专业 BIM 建模流程说明：
① 在"机械设置"面板中，设置给水排水专业相关参数，如管道类型、尺寸等，如图 8-35 所示。
② 管道系统设置是基于现有的管道系统，进行修改或新建，如图 8-36 所示。
③ 设置布置是布置给水排水专业设备和末端。
④ 设置管道类型，如图 8-37 所示。
⑤ 创建管道。
⑥ 管道系统分析。

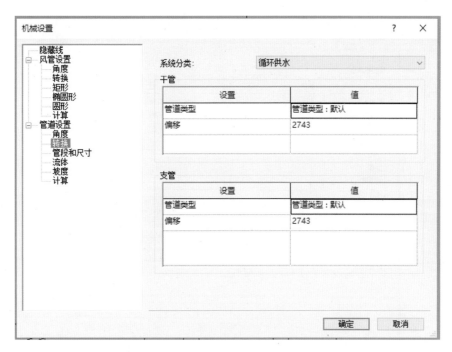

图 8-35　给水排水专业"机械设置"对话框

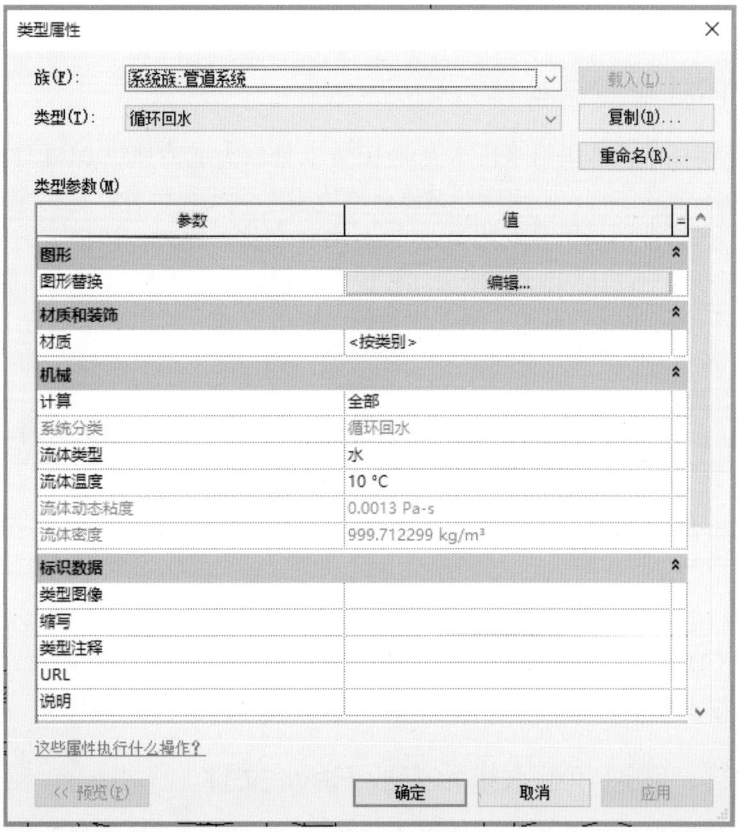

图 8-36　管道系统"类型属性"对话框

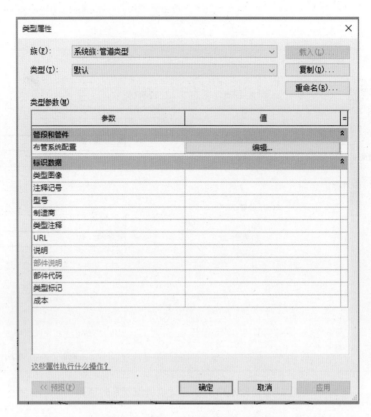

图 8-37　管道 "类型属性" 对话框

## 五、给水排水专业 BIM 建模标准

同暖通专业 BIM 建模标准，如果给水排水专业 BIM 文件较大或为加快 BIM 建模效率，需要将给水排水专业 BIM 文件拆分为多个文件时，必须按照给水排水专业系统进行拆分，保证整个建筑的给水排水专业的系统 BIM 模型完整，严禁按楼层拆分给水排水专业 BIM 文件。因为，楼板上的预留孔洞位置是由地下室的立管决定，按楼层拆分，有可能造成各楼层立管位置的偏移，导致楼板预留孔洞的不准确。

给水排水专业在施工图阶段要根据施工图创建对应级别的设备、管道、末端等 BIM 模型。

# 第 7 节　施工图设计阶段电气专业 BIM 建模标准

## 一、项目文件命名与保存位置

按照 "项目名称_区域或楼栋_工程阶段_专业_设计师姓名_日期" 对电气专业 BIM 模型文件进行命名，如 "盘龙苑小学_食堂_CD_EL_周某_20180709"。其中，CD 指的是施工图设计阶段，EL 指的是电气专业。

文件保存于 "D:\九曜项目\盘龙苑小学\05_施工图设计阶段\04_建筑 BIM" 路径下。

## 二、链接结构、建筑、暖通和给水排水专业 Revit 文件

施工图设计阶段电气专业 BIM 建模所用的软件是 Revit 和基于其开发的鸿业蜘蛛侠软件。新建电气专业 Revit 文件，按 "自动 – 原点到原点" 方式链接结构、建筑、暖通和给水排水专业 Revit 文件，如图 8-38 所示。基于建筑专业 Revit 文件的结构标高，复制标高，复制建筑、暖通和给水排水专业 Revit 文件中属于电气专业的设备。

图 8-38　链接其他专业 Revit 文件的定位方式

## 三、项目基准点设置

电气专业施工图设计阶段 BIM 模型文件的项目基准点设置同结构专业 BIM 建模项目基准点设置。

## 四、电气专业 BIM 建模流程

电气专业 BIM 建模流程如图 8-39 所示。

图 8-39　电气专业 BIM 建模流程

电气专业 BIM 建模流程说明：

① 在"电气设置"面板中，设置电气专业相关参数，如电压、配电系统等，如图 8-40 所示。

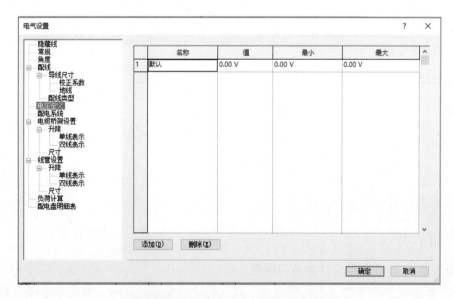

图 8-40　电气专业"电气设置"对话框

② 布置电气专业设备和末端。

③ 设置桥架类型是基于现有的桥架系统，进行修改或新建，如图 8-41 所示。

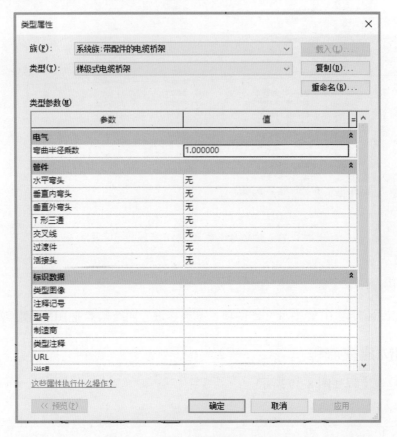

图 8-41 桥架"类型属性"对话框

④ 创建桥架。

⑤ 电气线路分析。

## 五、电气专业 BIM 建模标准

同给排水专业 BIM 建模标准，如果电气专业 BIM 文件较大或为提高 BIM 建模效率，需要将电气专业 BIM 文件拆分成多个文件，必须按照电气专业系统进行拆分，保证整个建筑的电气专业系统 BIM 模型完整，严禁按楼层拆分电气专业 BIM 文件。

电气专业在施工图阶段要根据施工图创建对应级别的设备、桥架、末端等 BIM 模型。

# 第 8 节　施工图设计阶段 BIM 模型综合、优化及设计检查

施工图设计阶段各专业 BIM 模型综合、设计检查所用的软件是 Navisworks 软件；优化 BIM 设计软件是 Revit 和基于其开发的鸿业蜘蛛侠软件。

## 一、项目文件命名与保存位置

### （一）机电专业综合 BIM 模型文件命名与保存

按照"项目名称_区域或楼栋_工程阶段_专业_设计师姓名_日期"对全专业综合 BIM 模型文件进

行命名，如"盘龙苑小学 _ 食堂 _CD_MEP_ 侯某某 _20180903"。其中，CD 指的是施工图设计阶段，MEP 指的是暖通、给水排水和电气专业。使用"链接 Revit"即 [图标] 工具链接施工图设计阶段的暖通、给水排水和电气专业的 BIM 模型，组装机电专业 BIM 模型。

文件保存于"D:\ 九曜项目 \ 盘龙苑小学 \05_ 施工图设计阶段 \08_ 综合 BIM"路径下。

**（二）全专业综合 BIM 模型文件命名与保存**

按照"项目名称 _ 区域或楼栋 _ 工程阶段 _ 专业 _ 建模师姓名 _ 日期"对全专业综合 BIM 模型文件进行命名，如"盘龙苑小学 _ 食堂 _CD_FP_ 潘某某 _20180910"。其中，CD 指的是施工图设计阶段，FP 指的是全专业综合。使用"链接 Revit"工具链接施工图设计阶段的建筑、结构、机电专业的 BIM 模型，组装全专业 BIM 模型。

文件保存于"D:\ 九曜项目 \ 盘龙苑小学 \05_ 施工图设计阶段 \08_ 综合 BIM"路径下。

## 二、施工图设计阶段 BIM 模型综合与优化

### （一）机电专业 BIM 模型综合与优化

（1）总体协调原则　由于风管的截面最大，一般将风管布置在综合管线的最上方。同一高度下，水管和桥架应该分开布置，并满足规范要求。在同一垂直方向上，水管应布置在最下方。最重要的是要综合利用建筑空间，合理排布，避免隐患。

（2）机电管线避让原则　通常来讲，应遵循"有压管让无压管，小管线让大管线，施工简单的让施工难度大的"原则。同时，考虑检修空间，在满足规范和设计要求条件下，空调风管和压力水管通过在梁窝内翻弯以避免与其他管道冲突，满足层高要求。冷水管道一般避让热水管道，因为热水管道做保温后外径会发生变化，翻转过多的话会导致局部集气，所以，当冷水管道和热水管道碰撞时，一般调整冷水管道；而且附件少的管道一般避让附件多的管道；低压管道避让高压管道。电气桥架、封闭母线应位于热介质管道下方、其他管道的上方；电气桥架避让其他管线时应考虑避免过多的水平或上下反弯，防止增加电气线缆敷设长度和施工成本。

（3）机电管线管道间距控制　由于机电空调管道需要做保温措施，同时给水管和防排烟管道有时也需要根据设计要求实施保温，故控制管线间距时需考虑保温厚度。一般而言，电气桥架、水管的外壁距墙壁的距离最小 100mm；直管段风管距墙距离最小 150mm。当管线沿结构墙 90° 拐弯，或者风管尺寸、消声器和阀门部件体积较大时，需要根据实际情况确定距墙柱距离。特别是在布置综合管线时，必须考虑重力管道的坡度，因为坡度会影响整个综合管线排布后的标高。总之，综合管线排布时不同专业管线间距离必须满足施工规范要求。

（4）考虑机电末端施工空间　由于主管线施工完成后，还有大量的末端管线和设备需要安装，因此在整个管线的布置过程中必须考虑到以后风机、空调末端、灯具、烟感探头、喷洒头等末端设备的安装，同时还要考虑电气桥架安装后放线的操作空间及维修空间。

（5）垂直面管道排布原则　热介质管道在上，冷介质管道在下；无腐蚀介质管道在上，腐蚀介质管道在下；气体介质管道在上，液体介质管道在下；保温管道在上，无保温管道在下；高压管道在上，低压管道在下；金属管道在上，非金属管道在下；不经常检修的管道在上，经常检修的管道在下，如图 8-42 和图 8-43 所示。

### （二）全专业 BIM 模型综合与优化

盘龙苑小学项目的建筑方案到施工图设计阶段，并非是按照装配式建筑设计要求进行的现浇混凝土结构建筑。所以，在全专业 BIM 模型中，需要根据建筑设计规范，结合装配式建筑设计特点，综合各专业进行优化，保证设计的一致性、可靠性、安全性。

对全专业综合 BIM 模型的设计检查是在 Navisworks 软件中完成的。借助 Revit 中 Navisworks 接口程序的可回溯性功能，可对各专业构件进行快速的修改。

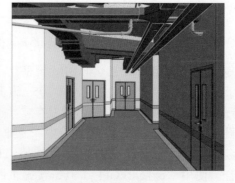

a）优化前　　　　　　　　　　　b）优化后

图 8-42　管线优化后对比图

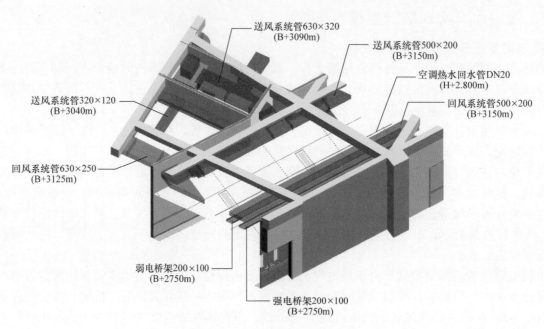

送风系统管630×320
（B+3090m）

送风系统管500×200
（B+3150m）

空调热水回水管DN20
（H+2.800m）

送风系统管320×120
（B+3040m）

回风系统管500×200
（B+3150m）

回风系统管630×250
（B+3125m）

弱电桥架200×100
（B+2750m）

强电桥架200×100
（B+2750m）

图 8-43　Revit 软件管线优化设计

## 三、全专业 BIM 模型输出到 Navisworks 软件中

查找到 Revit 2019 软件中的"附加模块"工具栏中的"外部工具"，先单击"Navisworks SwitchBack 2019"，再单击"Navisworks 2019"，将项目全专业 BIM 模型输出到 Navisworks Manage 2019 中，如图 8-44 所示。接口程序需要安装 Navisworks 2019 软件。

"Navisworks SwitchBack 2019"的功能是在 Navisworks 软件中选中某个构件，通过其右键菜单，可返回到 Revit 软件，且高亮显示这个构件，为构件模型的修改带来方便。

Navisworks 2019 的功能是将当前 Revit 文件创建为一个 NWC 格式的 Navisworks 缓存文件。在 Navisworks 软件中（图 8-45）可以直接打开这个文件进行后续工作。

图 8-44　Revit 软件中的 Navisworks
输出接口

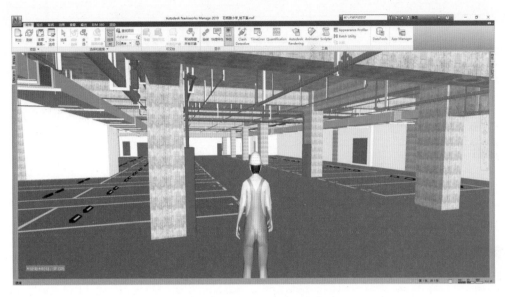

图 8-45　Navisworks 软件界面

## 四、全专业 BIM 模型设计检查

1）在 Navisworks 软件中，可通过在场景内进行三维浏览，检查"碰撞检查"工具无法完成的其他设计检查工作。

2）在 Navisworks 软件中主要进行建筑与结构、建筑与机电、结构与机电、机电专业之间的碰撞检查，重点检查机房、机房外走廊、通道、设备间等空间。

3）在 Navisworks 软件中对发现的错、漏、碰、缺进行标注和批注，并保存相关视图，以供后期使用，如图 8-46 和图 8-47 所示。

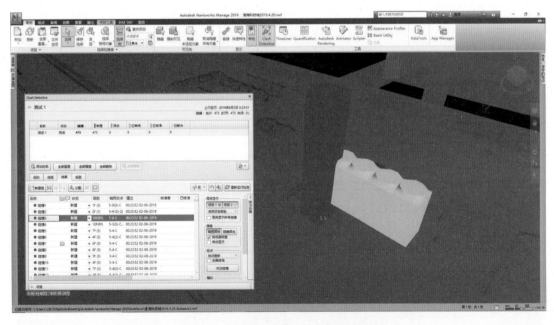

图 8-46　结构柱与机电设备的碰撞检查

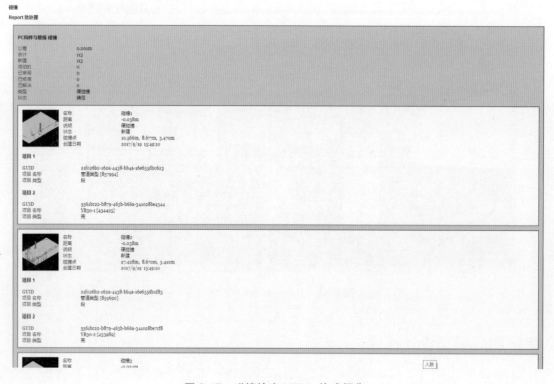

图 8-47　碰撞检查 HTML 格式报告

# 第 9 章
# 拆分设计阶段 BIM 建模标准

## 第 1 节　拆分设计阶段 BIM 建模流程与协同工作方式

### 一、BIM 建模流程

拆分设计阶段的 BIM 模型文件是对施工图设计阶段的各专业 BIM 模型文件的深化和补充。在拆分设计阶段，PC 构件拆分和装饰专业 BIM 模型是新建的，其他专业都是需要在施工图设计阶段文件的基础上进行进一步深化，BIM 建模流程如图 9-1 所示，图中"→"表示项目文件传递方向。

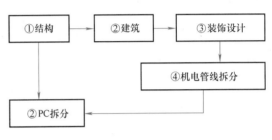

图 9-1　拆分设计阶段 BIM 建模流程

拆分设计阶段 BIM 建模流程说明：

流程①：新建拆分设计阶段的结构专业 BIM 模型文件，链接施工图设计阶段的结构专业 BIM 模型文件，复制其文件中的结构构件，对将要预制的柱、梁、板等构件进行修改和重命名。

流程②：

1）新建拆分设计阶段的建筑专业 BIM 模型文件，链接施工图设计阶段的建筑专业 BIM 模型文件。

2）新建 PC 拆分 BIM 模型文件，链接施工图设计阶段的结构专业 BIM 模型，创建混凝土构件、机电预埋件和预留孔。

流程③：新建装饰专业 BIM 模型文件，链接施工图设计阶段的建筑、结构专业 BIM 模型，创建地面、墙面和顶棚等区域的装饰设计 BIM 模型。

流程④：

1）分别另存施工图设计阶段的暖通、给水排水和电气专业 BIM 模型为拆分设计阶段的暖通、给水排水和电气专业 BIM 模型。

2）新建装饰专业 BIM 模型文件，链接拆分设计阶段的建筑、结构、暖通、给水排水和电气专业 BIM 模型，链接拆分设计阶段的装饰专业 BIM 模型。

3）根据拆分设计阶段的装饰专业 BIM 模型，分别修改拆分设计阶段的暖通、给水排水和电气专业 BIM 模型。

4）对拆分设计阶段的暖通、给水排水和电气专业 BIM 模型文件中的风管、管道和桥架进行拆分。

### 二、基于 Revit 软件的协同工作方式

拆分设计阶段各专业 BIM 模型由 Revit 软件协同工作方式与施工图设计阶段的协同工作方式相同，此处不再赘述。

## 第 2 节　拆分设计阶段土建专业 BIM 建模标准

拆分设计阶段土建专业 BIM 建模所用的是 Revit 软件。

## 一、结构专业 BIM 模型建模标准

### （一）项目文件命名规则

新建拆分设计阶段的结构专业 BIM 模型文件，文件名按照"项目名称 _ 区域或楼栋 _ 工程阶段 _ 专业 _ 设计师姓名 _ 日期"命名，如"盘龙苑小学 _ 食堂 _PS_STR_ 郭某 _20180710"。其中，PS 指的是 PC 构件拆分设计阶段，STR 指的是结构专业。链接施工图设计阶段的结构专业 BIM 模型文件，复制结构专业构件。例如，原结构构件拆分为 PC 构件和后浇构件，当前文件主要存储从施工图设计阶段结构专业 BIM 模型中拆分出来的现浇结构构件和后浇混凝土构件 BIM 模型，如图 9-2 所示。

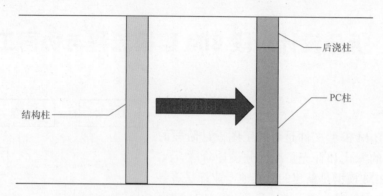

图 9-2    施工图设计阶段结构柱与拆分设计阶段拆分成 PC 柱和后浇柱的关系

将拆分设计阶段的结构专业 BIM 模型文件，保存于"D:\九曜项目 \盘龙苑小学 \06_ 拆分设计阶段 \03_结构 BIM"文件夹中。

### （二）后浇构件命名规则

后浇构件命名规则见表 9-1。

表 9-1    后浇构件命名规则

| 专业 | 构件类型 | 命名规则 | 命名样例 |
|---|---|---|---|
| 后期浇筑构件 | 后浇墙 | 专业 _ 楼层 _ 后浇墙名称 _ 材质 _ 墙厚 | LP_3F_WQ_C30_290 |
| | 后浇柱 | 专业 _ 楼层 _ 后浇柱名称 _ 强度等级 _ 截面尺寸 | LP_3F_Z-D1_C30_500×500 |
| | 后浇楼板 | 专业 _ 楼层 _ 后浇楼板名称 _ 材质 _ 板厚 | LP_3F_B-2_C30_70 |
| | 后浇梁 | 专业 _ 楼层 _ 后浇梁名称 _ 强度等级 _ 截面尺寸 | LP_3F_L-1_C30_200×130 |

### （三）后浇构件 BIM 建模标准

拆分设计阶段的结构专业 BIM 模型文件，对将要预制的柱、梁、板等构件进行修改，修改规则如下：

1）将原 200mm 厚度墙体修改与 PC 墙体相等的墙体，并单独命名，其命名规则参考表 9-1。

2）将原结构柱修改为与截面相同，高度与 PC 柱上部后浇混凝土厚度相同，且保持柱顶标高与当前楼层的顶部标高对齐并单独命名，其命名规则参考表 9-1。

3）将原位置楼板修改为 70mm，标高保持不变，并单独命名，其命名规则参考表 9-1。

4）使用"楼板：结构"即 [楼板-结构] 工具，新建 PC 梁顶部的后浇混凝土层，并单独命名，其命名规则参考表 9-1。

5）所有结构构件必须设置结构材质。

### （四）拆分设计阶段结构专业 BIM 模型导出

使用安装于 Revit 软件中的"ISM Revit Plugin Connect Edition"接口程序中的"Create Repository"即 [Update Repository] 工具，将拆分设计阶段结构专业 BIM 模型导出为被 Bentley BIM 软件支持的 ISM（集成结构模型）文件。

在导出 ISM 格式 BIM 模型时，可按楼层导出结构构件，如将三层的结构柱、结构墙、结构梁和结构楼板一起导出；也可按构件类别导出，如将整栋楼的结构柱一起导出。

## 二、建筑专业 BIM 模型建模标准

### （一）项目文件命名规则

新建拆分设计阶段的建筑专业 BIM 模型文件，文件名按照"项目名称 _ 区域或楼栋 _ 工程阶段 _ 专业 _ 设计师姓名 _ 日期"命名，如"盘龙苑小学 _ 食堂 _PS_ARC_ 戴某 _20180710"。其中，PS 指的是 PC 构件拆分设计阶段，ARC 指的是建筑专业。链接施工图设计阶段的建筑专业 BIM 模型文件，复制其建筑构件。

将拆分设计阶段的建筑专业 BIM 模型文件，保存于"D:\ 九曜项目 \ 盘龙苑小学 \06_ 拆分设计阶段 \04_ 建筑 BIM"文件夹中。

### （二）建筑专业 BIM 模型建模标准

拆分设计阶段的建筑专业 BIM 建模工作主要是根据 PC 构件拆分设计带来的影响，进行建筑构件的调整和优化。

# 第 3 节 拆分设计阶段装饰专业方案设计 BIM 建模标准

## 一、项目文件命名规则

新建拆分设计阶段的装饰专业 BIM 模型文件，文件名按照"项目名称 _ 区域或楼栋 _ 工程阶段 _ 专业 _ 设计师姓名 _ 日期"，如"盘龙苑小学 _ 食堂 _PS_ID_ 陆某某 _20180710"。其中，PS 指的是 PC 构件拆分设计阶段，ID 指的是室内装饰专业。链接拆分设计阶段的结构和建筑专业 BIM 模型文件。

将拆分设计阶段的装饰专业 BIM 模型文件，保存于"D:\ 九曜项目 \ 盘龙苑小学 \06_ 拆分设计阶段 \05_ 装饰 BIM"文件夹中。

## 二、装饰专业 BIM 模型建模标准

一般来说，政府投资的公共项目基本上都是精装修交付项目。由于精装修会对机电各专业设计带来较大影响，同时也影响到 PC 构件的预留和预埋，所以，必须将装饰专业方案设计前置到施工图设计阶段之后。在 PC 构件拆分设计阶段，本项目主要完成室内装饰专业的方案设计 BIM 建模工作。

目前，适用于装饰专业的 BIM 设计软件，主要有 Revit、ArchiCAD、SketchUp、Vectorworks 等软件。Revit 适用室内设计造型较简单的项目。室内场景设计模型如图 9-3 和图 9-4 所示。

图 9-3 Revit 室内场景设计 BIM 模型（一）

图 9-4 Revit 室内场景设计 BIM 模型（二）

### （一）装饰专业构件命名规则

装饰专业构件命名规则请参考第 7 章。

**（二）室内空间 BIM 建模标准**

1）使用 Revit 软件的"墙体""幕墙""房间分隔线"等工具划分室内空间。

2）再使用"房间"相关工具对每个空间进行标记、命名，命名规则为"楼栋名称_楼层_房间名称"。

3）在每个房间放置家具、电器，方便 MEP 设计师进行相关专业设计。

**（三）地面构件 BIM 建模标准**

1）地面装饰面层的材料如果是地板、油漆、地毯等大面积的无明显分隔的材料，可直接用"楼板"工具创建。

2）地面材料如果是矩形分隔的瓷砖或石材，可使用"玻璃斜窗"工具创建。

3）使用"内建模型"或"公制常规族"工具创建地面摆设 BIM 模型。

4）尽量在地面放置使用带有电气、风管、管道、桥架和线管连接件的机电专业设备和末端 BIM 模型，如灯具、开关、插座等。

**（四）墙面构件 BIM 建模标准**

1）常规室内隔墙使用"墙体"工具创建。

2）大面积玻璃隔墙使用"幕墙"工具创建。

3）大堂或卫生间墙体表面如果是矩形分隔的瓷砖或石材，使用"幕墙"工具创建。

4）复杂造型墙体，可使用"内建模型"或"公制常规族"工具创建。

5）尽量在墙面放置使用带有电气、风管、管道、桥架和线管连接件的机电专业设备和末端 BIM 模型，如出风口、灯具、开关、插座等。

**（五）顶面构件 BIM 建模标准**

1）吊顶材料如果是石膏板、木材等大面积的无明显的分隔的材料，可直接用"天花板"工具创建。

2）顶面材料如果是大面积、矩形分隔的扣板或玻璃材料，可使用"玻璃斜窗"工具创建。

3）使用"内建模型"或"公制常规族"工具创建顶面造型 BIM 模型。

4）尽量在墙面放置使用带有电气、风管、管道、桥架和线管连接件的机电专业设备和末端 BIM 模型，如出风口、灯具、烟感等。

**（六）固定家具 BIM 建模标准**

1）使用"内建模型"或"公制常规族"工具创建固定家具 BIM 模型。

2）对家具模型定义材料和名称。

# 第 4 节　拆分设计阶段机电专业 BIM 建模标准

拆分设计阶段机电专业 BIM 建模所用的软件是 Revit 和基于其开发的鸿业蜘蛛侠软件。

## 一、暖通专业 BIM 模型建模标准

### （一）项目文件命名规则

将施工图设计阶段的暖通专业 BIM 模型文件，另存为拆分设计阶段的暖通专业 BIM 模型文件，文件名按照"项目名称_区域或楼栋_工程阶段_专业_设计师姓名_日期"命名，如"盘龙苑小学_食堂_PS_AC_张某_20180715"。其中，PS 指的是 PC 构件拆分设计阶段，AC 指的是暖通专业。

将拆分设计阶段的暖通专业 BIM 模型文件保存于"D:\九曜项目\盘龙苑小学\06_拆分设计阶段\06_暖通 BIM"文件夹中。

### （二）BIM 模型建模标准

拆分设计阶段的暖通专业 BIM 建模工作，一是根据装饰专业方案设计和 PC 构件拆分设计对暖通专业风管、管道、设备和终端布置的影响，进行调整和优化；二是完成 PC 构件和结构构件的预留孔洞的位置和尺

寸的设计；三是根据安装规范对风管和管道 BIM 模型进行拆分设计，实现暖通专业的装配式设计，如图 9-5 所示。

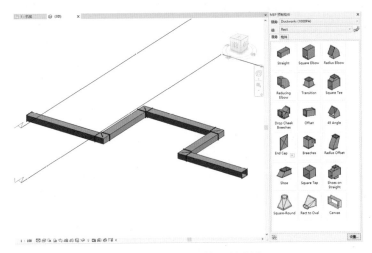

图 9-5　Revit 风管预制设计

为保证后期各专业 BIM 模型碰撞检查的准确和工作量的减少，使用 Revit 软件内建模型或常规族工具，为 PC 构件和结构构件的预留孔洞处创建等大的模型。在后期碰撞检查时，只要选择风管、管道和洞口模型，即可方便查找每个预留洞口的位置，检查其与风管、管道的空间关系。

## 二、给水排水专业 BIM 模型建模标准

### （一）项目文件命名规则

将施工图设计阶段的给水排水专业 BIM 模型文件，另存为拆分设计阶段的给水排水专业 BIM 模型文件，文件名按照"项目名称 _ 区域或楼栋 _ 工程阶段 _ 专业 _ 设计师姓名 _ 日期"命名，如"盘龙苑小学 _ 食堂 _PS_PD_ 毕某 _20180715"。其中，PS 指的是 PC 构件拆分设计阶段，PD 指的是给水排水专业。

将拆分设计阶段的给水排水专业 BIM 模型文件保存于"D:\ 九曜项目 \ 盘龙苑小学 \06_ 拆分设计阶段 \07_ 给水排水 BIM"文件夹中。

### （二）BIM 模型建模标准

拆分设计阶段的给水排水专业 BIM 建模工作，一是根据装饰专业方案设计和 PC 构件拆分设计对给水排水专业管道、设备和终端布置的影响，进行调整和优化；二是完成 PC 构件和结构构件的预留孔洞的位置和尺寸的设计；三是根据安装规范对管道 BIM 模型进行拆分设计，实现给水排水专业的装配式设计，如图 9-6 所示。

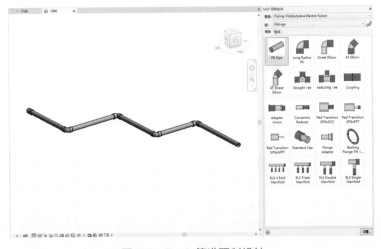

图 9-6　Revit 管道预制设计

为保证后期各专业 BIM 模型碰撞检查的准确和工作量的减少，使用 Revit 软件内建模型或常规族工具，为 PC 构件和结构构件的预留孔洞处创建等大的模型。在后期碰撞检查时，只要选择管道和洞口模型，即可方便查找每个预留洞口的位置，检查其与管道的空间关系。

## 三、电气专业 BIM 模型建模标准

### （一）项目文件命名规则

将施工图设计阶段的电气专业 BIM 模型文件，另存为拆分设计阶段的电气专业 BIM 模型文件，文件名按照"项目名称_区域或楼栋_工程阶段_专业_设计师姓名_日期"命名，如"盘龙苑小学_食堂_PS_EL_张某某_20180715"。其中，PS 指的是 PC 构件拆分设计阶段，EL 指的是电气专业。

将拆分设计阶段的电气专业 BIM 模型文件保存于"D:\ 九曜项目 \ 盘龙苑小学 \06_ 拆分设计阶段 \08_电气 BIM"文件夹中。

### （二）BIM 模型建模标准

拆分设计阶段的电气专业 BIM 建模工作，一是根据装饰专业方案设计和 PC 构件拆分设计对电气专业桥架、线管、设备和终端布置的影响，进行调整和优化；二是完成 PC 构件和结构构件的预留孔洞的位置和尺寸的设计；三是根据安装规范对桥架 BIM 模型进行拆分设计，实现给水排水专业的装配式设计，如图 9-7 所示。

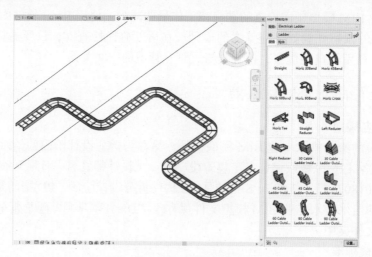

图 9-7　Revit 桥架预制设计

为保证后期各专业 BIM 模型碰撞检查的准确和工作量的减少，使用 Revit 软件内建模型或常规族工具，为 PC 构件和结构构件的预留孔洞处创建等大的模型。在后期碰撞检查时，只要选择桥架和洞口模型，即可方便查找每个预留洞口的位置，检查其与桥架的空间关系。

# 第 5 节　拆分设计阶段 PC 构件拆分 BIM 建模标准

## 一、项目文件命名规则

新建拆分设计阶段的 PC 构件 BIM 模型文件，文件名按照"项目名称_区域或楼栋_工程阶段_专业_楼层_设计师姓名_日期"，如"盘龙苑小学_食堂_PS_PC_3F_郭某_20180810"。其中，PS 指的是 PC 构件拆分设计阶段，PC 指的是 PC 构件，3F 指的是三层。

将拆分设计阶段的 PC 构件 BIM 模型文件保存于"D:\ 九曜项目 \ 盘龙苑小学 \06_ 拆分设计阶段 \09_PC 构件 BIM"文件夹中。

## 二、PC 构件命名规则

PC 构件命名规则见表 9-2。

表 9-2　PC 构件命名规则

| 专业 | 构件类型 | 命名规则 | 命名样例 |
|---|---|---|---|
| PC 构件 | 预制墙 | 专业 _ 楼层 _ 预制墙名称 _ 材质 _ 墙厚 | PC_3F_WQ_C30_290 |
| | 预制柱 | 专业 _ 楼层 _ 预制柱名称 _ 强度等级 _ 截面尺寸 | PC_3F_Z-D1_C30_500×500 |
| | 预制楼板 | 专业 _ 楼层 _ 预制楼板名称 _ 材质 _ 板厚 | PC_3F_B-2_C30_60 |
| | 预制楼梯 | 专业 _ 楼层 _ 预制楼梯名称 _ 材质 | PC_3F_LT-1_C30 |
| | 预制梁 | 专业 _ 楼层 _ 预制梁名称 _ 强度等级 _ 截面尺寸 | PC_3F_L-1_C30_200×470 |

## 三、PC 构件 BIM 建模标准

拆分设计阶段 PC 构件拆分 BIM 建模所用的软件是 Revit 软件。

当前项目文件，链接施工图设计阶段的结构专业 BIM 模型文件，如"盘龙苑小学 _ 食堂 _CD_STR_ 张某 _20180701"，复制施工图设计阶段的结构专业 BIM 模型文件中的结构柱、结构梁和结构楼板等构件，如图 9-8~ 图 9-11 所示；链接拆分设计阶段的结构专业 BIM 模型文件，如"盘龙苑小学 _ 食堂 _PS_STR_ 郭某 _20180710"。

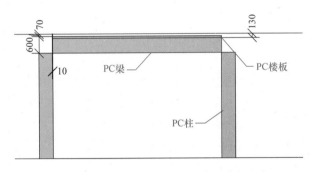

图 9-8　PC 构件之间的位置关系（剖面）

图 9-9　PC 构件之间的位置关系（三维）

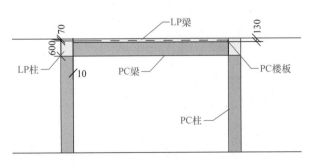

图 9-10　PC 构件后浇构件之间的位置关系（剖面）

图 9-11　PC 构件后浇构件之间的位置关系（三维）

在当前文件对将要预制的柱、梁、板等构件进行修改，修改规则如下：

1）将原位置 200mm 厚度的结构墙体进行拆分，并单独命名，其命名规则参考表 9-2。

2）在原位置结构柱的"实例属性"中的"顶部偏移"中设置偏移值，保持柱底标高与当前楼层的底部标高对齐，并重新命名，其命名规则参考表 9-2。

3）将原位置结构楼板进行拆分并修改为 60mm，在其"实例属性"中的"自标高的高度偏移"中设置偏移值为"−70"，并单独命名，其命名规则参考表 9-2。

4）将原位置结构梁进行拆分，参考表 9-2 重新命名，修改其梁截面，如将原截面 250×600mm 修改为 250×470mm，并将结构梁"实例属性"中的"起点标高偏移"和"终点标高偏移"偏移值设置为"−130"。

5）所有 PC 构件必须设置结构材质。

## 四、拆分设计阶段单个 PC 构件 BIM 模型导出

为每个 PC 构件添加"模型组"即 ，再使用"链接"工具，将其导出单个 PC 构件的项目文件（.rvt 格式），以方便在深化设计阶段将每个 PC 构件导出为 ISM 格式 BIM 模型文件。模型组名称为 PC 构件名称。

使用 Revit 软件中的"ISM Revit Plugin Connect Edition"接口程序的"Create Repository"即 工具，将拆分设计阶段单个 PC 构件 BIM 模型导出为被 Bentley BIM 软件支持的 ISM（集成结构模型）文件。

# 第 6 节  拆分设计阶段 BIM 模型综合、优化及设计检查

拆分设计阶段各专业 BIM 模型综合、设计检查所用的软件是 Autodesk Navisworks 软件；优化 BIM 设计软件是 Autodesk Revit 和基于其开发的鸿业蜘蛛侠软件。

## 一、项目文件命名与保存位置

### （一）机电专业综合 BIM 模型文件

新建拆分设计阶段机电专业综合 BIM 模型文件，按照"项目名称 _ 区域或楼栋 _ 工程阶段 _ 专业 _ 设计师姓名 _ 日期"对全专业综合 BIM 模型文件进行命名，如"盘龙苑小学 _ 食堂 _PS_MEP_ 侯某某 _20181003"。其中，PS 指的是拆分设计阶段，MEP 指的是暖通、给水排水和电气专业。使用"链接 Revit"工具链接拆分设计阶段的暖通、给水排水和电气专业的 BIM 模型，组装机电专业 BIM 模型。

文件保存于"D:\ 九曜项目 \ 盘龙苑小学 \06_ 拆分设计阶段 \10_ 综合 BIM"路径下。

### （二）全专业综合 BIM 模型文件

按照"项目名称 _ 区域或楼栋 _ 工程阶段 _ 专业 _ 设计师姓名 _ 日期"对全专业综合 BIM 模型文件进行命名，如"盘龙苑小学 _ 食堂 _PS_FP_ 潘某某 _20181010"。其中，PS 指的是施工图设计阶段，FP 指的是全专业综合。使用"链接 Revit"工具链接拆分设计阶段的建筑、结构、机电专业的 BIM 模型，组装全专业 BIM 模型。

文件保存于"D:\ 九曜项目 \ 盘龙苑小学 \06_ 拆分设计阶段 \10_ 综合 BIM"路径下。

## 二、拆分设计阶段 BIM 模型综合与优化

### （一）机电专业综合 BIM 模型优化

由于拆分设计阶段机电管线预制设计、室内装饰方案设计和 PC 构件拆分设计对机电专业产生了新的影响，所以需要再次进行机电专业管线综合与优化，具体内容请参考第 8 章第 8 节，此处不再赘述。

### （二）全专业综合 BIM 模型优化

盘龙苑小学项目在建筑方案到施工图设计阶段，并非是按照装配式建筑设计要求进行的现浇混凝土结构建筑。所以，在全专业综合 BIM 模型中，需要根据建筑设计规范、结合装配式建筑设计特点、综合各专业进行优化，保证设计的一致性、可靠性、安全性。

对全专业综合 BIM 模型的设计检查是在 Navisworks 软件中完成，借助 Revit 中 Navisworks 接口程序的可回溯性功能，对各专业构件进行快速的修改。

## 三、全专业 BIM 模型输出到 Navisworks 软件

从 Revit 2019 软件中将项目全专业 BIM 模型输出到 Navisworks 2019 软件中的流程，请参考第 8 章第 8 节。

## 四、全专业 BIM 模型设计检查

在 Navisworks 软件中通过在场景进行三维浏览，检查"碰撞检查"工具无法完成的其他设计检查工作。

在 Navisworks 软件中主要进行 PC 构件与建筑、结构、装饰和机电专业的碰撞检查，重点检查 PC 构件预留、预埋与其他专业构件的碰撞情况，如图 9-12 和图 9-13 所示。

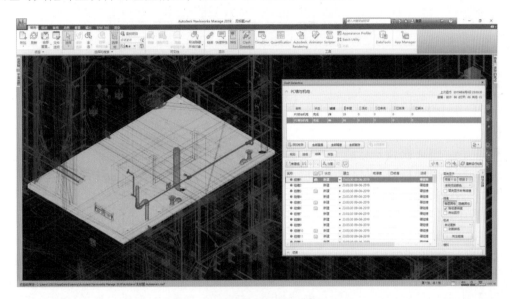

图 9-12　PC 楼板与管道的碰撞检查

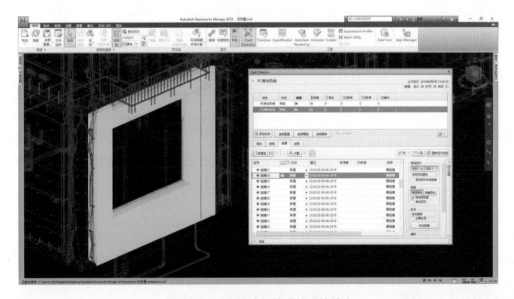

图 9-13　PC 外墙与管道的碰撞检查

在 Navisworks 软件中主要进行装饰专业构件与建筑、结构和机电专业的碰撞检查，重点是检查与机电专业设备和末端设计的一致性问题。

在 Navisworks 软件中对发现的错、漏、碰、缺进行标注和批注，并保存相关视图，以供后期使用。

# 第 10 章

# 深化设计阶段 BIM 建模标准

## 第 1 节　深化设计阶段 BIM 建模流程与协同工作方式

### 一、BIM 建模流程

深化设计阶段的 BIM 模型文件是对拆分设计阶段的各专业 BIM 模型文件的深化和补充。在深化设计阶段，PC 模具专业 BIM 模型是新建的，其他专业都是需要进一步的深化，BIM 建模流程如图 10-1 所示，图中"→"表示项目文件传递方向。

深化设计阶段 BIM 建模流程说明：

流程①：将 Revit 软件创建的拆分设计阶段结构专业 BIM 模型文件，使用 "ISM Revit Plugin Connect Edition" 接口程序导出，将 ISM 文件导入 Bentley ProStructures 软件中进行深化设计（钢筋、钢结构节点设计）。

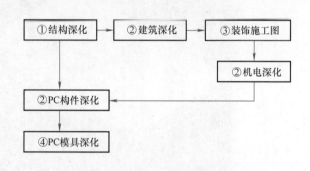

图 10-1　深化设计阶段 BIM 建模流程

流程②：

1）在 Revit 软件中新建深化设计阶段的建筑专业 BIM 模型文件，链接拆分设计阶段的建筑专业 BIM 模型文件，并进行深化设计。

2）将 Revit 软件创建的拆分设计阶段单个 PC 构件 BIM 模型文件，使用 "ISM Revit Plugin Connect Edition" 接口程序导出，在 Bentley ProStructures 软件中新建 PC 构件深化设计 BIM 模型文件，将 ISM 文件导入，进行单个 PC 构件深化设计（钢筋、预埋件、预留孔等）。

3）在 Revit 软件中新建深化设计阶段的机电专业综合 BIM 模型文件，链接拆分设计阶段的暖通、给水排水和电气专业的 BIM 模型文件，并使用"绑定链接"即 工具将它们合并到当前文件，进行深化设计（支吊架设计）。

流程③：建装饰专业 BIM 模型文件，链接拆分设计阶段的装饰专业 BIM 模型，并使用"绑定链接"工具将它们合并到当前文件，进行施工图设计。

流程④：在 Bentley ProStructures 软件中新建 PC 构件模具深化设计 BIM 模型文件，链接 PC 构件 BIM 模型，进行模具加工设计。

### 二、各专业协同工作方式

盘龙苑小学项目在深化设计阶段时，Revit 和 Bentley ProStructures 软件的结构专业和 PC 构件的 BIM 模型文件主要通过 "ISM Revit Plugin Connect Edition" 接口程序进行数据传递。

使用 Revit 2019 软件创建的其他专业 BIM 模型文件主要通过三维 DWG 文件格式传递到 Bentley Pro Structures 软件中。Revit 2019 软件也可以使用 "i-model for Revit Plugin" 进行数据传递。

Revit 软件采用"链接 Revit"方式进行各专业协同工作；Bentley ProStructures 软件采用"参考"（同链接）方式进行各专业协同工作。

# 第 2 节　深化设计阶段土建专业 BIM 建模标准

深化设计阶段土建专业 BIM 建模工作，一是根据施工工法完成建筑专业构件构造、预留、预埋件等的深化建模，如砌体墙、构件的构造等；二是完成二次结构构件的建模，如构造柱、过梁、腰梁等。所用的软件是 Revit。

## 一、项目文件命名规则

### （一）建筑专业项目文件命名规则

新建深化设计阶段的建筑专业 BIM 模型文件，文件名按照"项目名称 _ 区域或楼栋 _ 工程阶段 _ 专业 _ 设计师姓名 _ 日期"命名，如"盘龙苑小学 _ 食堂 _CP_ARC_ 戴某 _20181016"。其中，CP 指的是深化设计阶段，ARC 指的是建筑专业。链接拆分设计阶段的建筑专业 BIM 模型文件。

将深化设计阶段的建筑专业 BIM 模型文件，保存于"D:\ 九曜项目 \ 盘龙苑小学 \07_ 深化设计阶段 \04_ 建筑 BIM"文件夹中。

### （二）二次结构项目文件命名规则

新建深化设计阶段的二次结构 BIM 模型文件，文件名按照"项目名称 _ 区域或楼栋 _ 工程阶段 _ 专业 _ 设计师姓名 _ 日期"命名，如"盘龙苑小学 _ 食堂 _CP_STR_ 张某 _20181016"。其中，CP 指的是深化设计阶段，STR 指的是结构专业。链接拆分设计阶段的建筑、结构专业 BIM 模型文件。

将深化设计阶段的二次结构 BIM 模型文件，保存于"D:\ 九曜项目 \ 盘龙苑小学 \07_ 深化设计阶段 \03_ 结构 BIM"文件夹中。

## 二、土建专业 BIM 建模标准

### （一）土建专业构件命名规则

土建专业构件命名规则请参考第 7 章。

### （二）建筑专业 BIM 建模标准

1）使用"楼板""墙体""天花板""内建模型""公制常规族"等工具创建结构构件的构造层。

2）使用"楼板""墙体""天花板""内建模型"等工具创建地面、墙面材料的构造层。

3）使用"洞口""编辑边界 / 轮廓"等工具创建建筑构件的预留洞口。

4）使用"幕墙竖梃"和"内建嵌板族"工具创建大面积、有分格的龙骨构件及其紧固件、连接件等，如玻璃幕墙、石材幕墙等。

5）使用"内建模型""公制常规族"创建建筑构件的龙骨、紧固件、连接件等。

6）使用"内建模型""公制常规族"创建复杂造型的建筑构件，要包含构造层、材料、紧固件、洞口等。

7）使用"内建模型""公制常规族"等工具创建楼梯、坡道的构造层、配套构件。

8）深化设计阶段建筑构件的命名规则请参考第 7 章。屋面 BIM 深化设计模型如图 10-2 所示。

### （三）二次结构 BIM 建模标准

1）使用"墙体""幕墙"工具创建砌体墙，并留出其他二次结构构件布置空间。

2）使用"内建结构柱族"工具创建构造柱、门边柱。

3）使用"结构梁"工具创建腰梁、过梁。

4）使用"楼板"工具创建散水。

5）使用"内建模型""公制结构族"等工具创建反坎构件。

6）使用"内建模型""公制结构族"等工具创建其他二次结构构件。

7）深化设计阶段二次结构构件的命名规则请参考第 7 章。砌体墙 BIM 深化设计模型如图 10-3 所示。

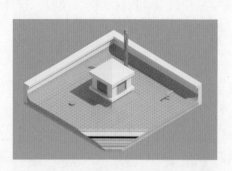

图 10-2　Revit 屋面 BIM 深化设计模型

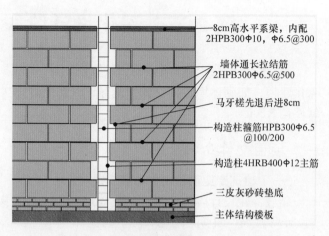

图 10-3　Revit 砌体墙 BIM 深化设计模型

# 第 3 节　深化设计阶段结构专业 BIM 建模标准

深化设计阶段结构专业 BIM 建模工作，一是根据施工工法完成结构构件的钢筋建模；二是完成二次结构构件的钢筋建模。所用的软件是 Bentley ProStructures。

## 一、Bentley ProStructures 软件完成结构 BIM 深化设计的价值

相比较其他结构深化设计的 BIM 软件，Bentley ProStructures 软件最大的价值在于其模型文件非常小，对计算机硬件需求较低，一般配置的台式机和笔记本电脑都可以完成整栋建筑的钢筋 BIM 模型创建，如图 10-4 和图 10-5 所示。

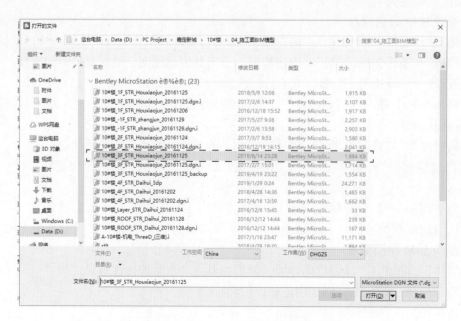

图 10-4　Bentley ProStructures 混凝土结构深化设计 BIM 模型

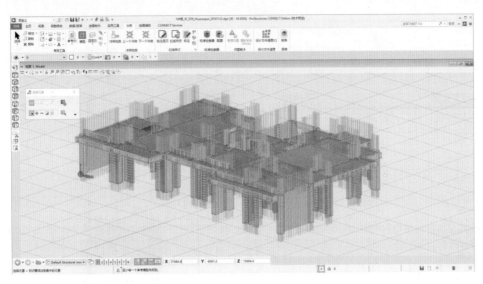

图 10-5　Bentley ProStructures 混凝土结构深化设计 BIM 模型

## 二、项目文件命名规则

在 Bentley ProStructures 软件中新建深化设计阶段的结构专业 BIM 模型文件，文件名按照"项目名称 _ 区域或楼栋 _ 工程阶段 _ 专业 _ 楼层 _ 设计师姓名 _ 日期"命名，如"盘龙苑小学 _ 食堂 _CP_STR_3F_ 郭某 _20181010"。其中，CP 指的是深化设计阶段，STR 指的是结构专业，3F 指的是三层。

将深化设计阶段的结构专业 BIM 模型文件保存于"D:\ 九曜项目 \ 盘龙苑小学 \07_ 深化设计阶段 \03_ 结构 BIM"文件夹中。

## 三、导入 ISM 格式的结构专业 BIM 模型文件

在 Bentley ProStructures 软件中依次单击"文件"→"输入"→"ProStructures 文件类型"→"ISM- 从存储库新建"，导入从 Revit 软件导出的 ISM 格式结构模型文件。

## 四、项目基点设置

从 Revit 软件导出的 ISM 格式结构模型文件，在 Bentley ProStructures 软件中继承了 Revit 文件的项目基点位置，无须再次设置。Revit 视图中的项目基点（X=0，Y=0，Z=0）与 Bentley ProStructures 的项目原点位置（X=0，Y=0，Z=0）是一致的。

## 五、结构专业建模标准

Bentley ProStructures 软件包括混凝土（ProConcrete）和钢结构（ProSteel）两个模块，可以同时进行混凝土构件和钢构件的深化设计建模，如图 10-6~ 图 10-8 所示。

图 10-6　Bentley ProStructures 混凝土结构构件与钢筋设计

图 10-7　Bentley ProStructures 钢结构构件设计

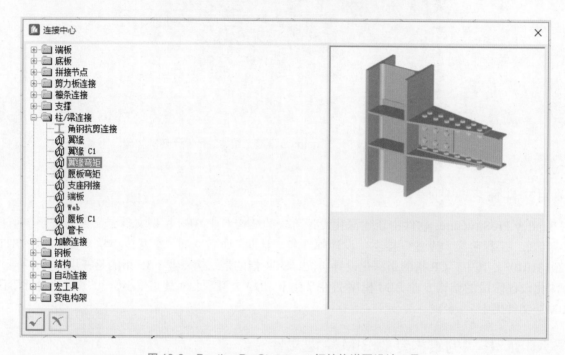

图 10-8　Bentley ProStructures 钢结构详图设计工具

**（一）结构构件命名规则**

结构构件命名规则请参考第 7 章。

**（二）混凝土结构构件建模标准**

在"A+B 装配式建筑 BIM 技术系统"中，主体结构和二次结构都是由 Revit 软件完成，Bentley ProStructures 仅完成钢筋及其连接件的构件建模。

1）使用"柱配筋""梁配筋""墙配筋""楼板配筋"工具完成常规形状钢筋的创建。

2）使用"单个钢筋"和"单个钢筋分布"工具完成复杂形状钢筋的创建。

3）对非规则形体的结构构件配筋建模，主要使用"单个钢筋创建""单个钢筋分布""不规则钢筋"工具完成。

4）使用"钢筋修改"工具对钢筋笼中的单个钢筋单独进行修改。

5）使用"末端条件修改"工具对钢筋笼或单个钢筋的末端进行修改。

6）"钢筋修改"和"末端条件修改"工具也常用于后浇部位的钢筋干涉。

7）使用"拼接 / 搭接钢筋"工具进行自定义钢筋搭接修改。

8）使用"多义线切割钢筋网"对钢筋网进行开洞操作。

9）使用"特征实体"工具创建钢筋连接件，并使用"项类型"工具为其添加自定义属性，再创建单元，即可长期重复使用。

10）将所创建的钢筋分配到与其主体结构构件相对应的图层中。混凝土结构构件与钢筋设计案例如图 10-9 和图 10-10 所示。

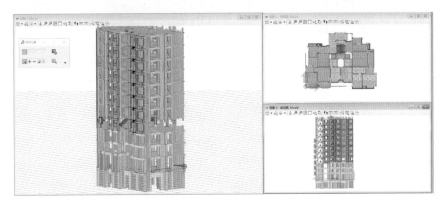

图 10-9　Bentley ProStructures 混凝土结构构件与钢筋设计案例（一）

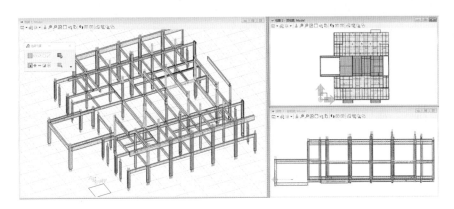

图 10-10　Bentley ProStructures 混凝土结构构件与钢筋设计案例（二）

**（三）钢结构构件建模标准**

在 "A+B 装配式建筑 BIM 技术系统" 中，主体结构和二次结构都是由 Revit 软件完成，Bentley ProStructures 仅完成节点、螺栓、焊缝等的构件建模。

1）使用 "节点中心" 工具创建钢结构构件连接节点，并进行成组设置。

2）使用 "钻孔" 工具对型钢或钢板进行开孔。

3）使用 "螺栓" 工具在型钢或钢板孔上放置螺栓。

4）使用 "特征实体" 工具创建自定义钢构件，并将其转换为钢构件。

5）使用 "焊接符号" 工具创建焊缝。

6）将所创建的节点构件分配到与其主体钢构件相对应的图层中。钢结构深化设计案例如图 10-11 和图 10-12 所示。

图 10-11　Bentley ProStructures 钢结构深化设计案例（一）

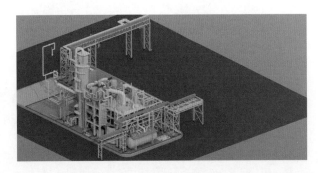

图 10-12　Bentley ProStructures 钢结构深化设计案例（二）

# 第4节 深化设计阶段装饰专业施工图设计 BIM 建模标准

## 一、项目文件命名规则

新建深化设计阶段的装饰专业 BIM 模型文件，文件名按照"项目名称_区域或楼栋_工程阶段_专业_设计师姓名_日期"，如"盘龙苑小学_食堂_CP_ID_陆某某_20181025"。其中，CP 指的是深化设计阶段，ID 指的是室内装饰专业。链接拆分设计阶段的结构专业和深化设计阶段的建筑专业 BIM 模型文件。

将深化设计阶段的装饰专业 BIM 模型文件保存于"D:\ 九曜项目 \ 盘龙苑小学 \07_ 深化设计阶段 \05_装饰 BIM"文件夹中。

## 二、装饰专业 BIM 模型建模标准

### （一）装饰构件命名规则

装饰构件命名规则请参考第 7 章。

### （二）地面构件 BIM 建模标准

1）使用"楼板"工具创建地面构造层，包括面层和基层材料。

2）使用"内建模型"或"公制常规族"工具创建地面装饰构件的紧固件、连接件等。

3）使用"幕墙竖梃"和"内建嵌板族"工具创建地面装饰构件的大面积、有分格的龙骨构件及其紧固件、连接件等。

4）使用"内建模型"或"公投常规族"工具创建机电专业设备和末端的配套构件，如紧固件、连接件等。

### （三）墙面构件 BIM 建模标准

1）使用"幕墙竖梃"和"内建嵌板族"工具创建室内玻璃隔墙的龙骨、紧固件、连接件。

2）使用"幕墙竖梃"和"内建嵌板族"工具创建墙面装饰构件的大面积、有分格的龙骨构件及其紧固件、连接件等，如墙面石材、瓷砖、扣板等。

3）使用"内建模型"或"公制常规族"工具创建机电专业设备和末端的配套构件。

### （四）顶面构件 BIM 建模标准

1）使用"幕墙竖梃"和"内建嵌板族"工具创建吊顶的龙骨、固定件、连接件等。

2）使用"内建模型"或"公制常规族"工具创建顶面造型的龙骨、固定件、连接件等。

3）使用"内建模型"或"公制常规族"工具创建机电专业设备和末端的配套构件，如紧固件、连接件等。墙面和顶面设计 BIM 模型如图 10-13 和图 10-14 所示。

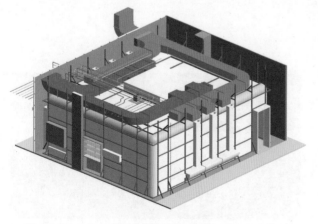

图 10-13 Revit 室内顶棚和墙面深化设计 BIM 模型

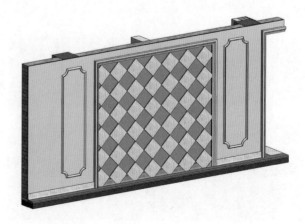

图 10-14 Revit 室内墙面设计 BIM 模型

**（五）固定家具 BIM 建模标准**

1）创建固定家具的预留孔、机电配套末端等。

2）使用"内建模型"或"公制常规族"工具创建固定家具的配套构件，如紧固件、连接件等。

# 第 5 节　深化设计阶段机电专业 BIM 建模标准

深化设计阶段机电专业 BIM 设计软件主要用 Revit 和基于其开发的鸿业蜘蛛侠软件。

## 一、项目文件命名与保存位置

新建深化设计阶段机电专业综合 BIM 模型文件，按照"项目名称 _ 区域或楼栋 _ 工程阶段 _ 专业 _ 设计师姓名 _ 日期"对全专业综合 BIM 模型文件进行命名，如"盘龙苑小学 _ 食堂 _CP_MEP_ 侯某某 _20181103"。其中，CP 指的是深化设计阶段，MEP 指的是暖通、给水排水和电气专业。链接深化设计阶段的建筑、装饰专业 BIM 模型，链接拆分设计阶段的结构、PC 构件、暖通、给水排水和电气专业的 BIM 模型，并使用"绑定链接"工具将暖通、给水排水和电气专业的 BIM 模型合并到当前项目文件中。

文件保存于"D:\ 九曜项目 \ 盘龙苑小学 \07_ 深化设计阶段 \11_ 综合 BIM"路径下。

## 二、机电专业 BIM 模型建模标准

深化设计阶段机电专业 BIM 设计工作主要是结合土建和装饰专业的深化设计 BIM 模型，再次调整机电专业设计，并对机电管线进行计算，安装支吊架。同时，向深化设计阶段的建筑、装饰专业 BIM 模型，拆分设计阶段的结构、PC 构件专业 BIM 模型进行提资，实现对土建和 PC 构件的开洞，如图 10-15~图 10-18 所示。

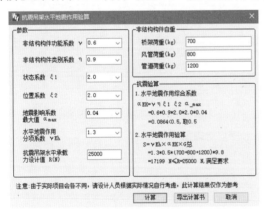

图 10-15　Revit+ 鸿业蜘蛛侠软件支吊架计算

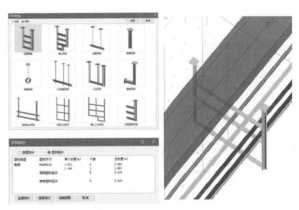

图 10-16　Revit+ 鸿业蜘蛛侠软件支吊架设计

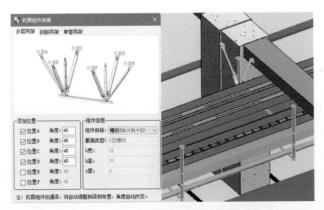

图 10-17　Revit+ 鸿业蜘蛛侠软件抗震支吊架设计

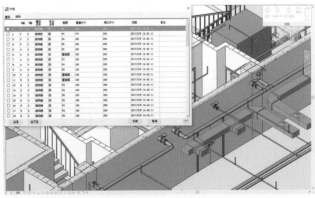

图 10-18　Revit+ 鸿业蜘蛛侠软件预留洞口设计

# 第 6 节 深化设计阶段 PC 构件加工设计 BIM 建模标准

深化设计阶段 PC 构件加工设计 BIM 建模工作所用的软件是 Bentley ProStructures 软件。

## 一、用 Bentley ProStructures 软件完成 PC 构件 BIM 加工设计的价值

相比较其他 PC 构件加工设计的 BIM 软件，Bentley ProStructures 软件的价值，一是 Bentley ProStructures Connect Edition 软件可以对已经创建钢筋的标准混凝土构件进行复杂的开槽、开孔、剪切等操作，且钢筋不会丢失，同时这些修改过程都会保存在一个特征管理器中，支持进行任一修改阶段的再次编辑；二是支持导入导出的文件格式种类多，甚至直接可以打开 Revit 族文件；三是使用图层来管理构件，我们可以将不同构件分配到自定义图层；四是碰撞检测工具中有图层碰撞检测功能，可以以两个或多个图层进行碰撞检测，如图 10-19 和图 10-20 所示。

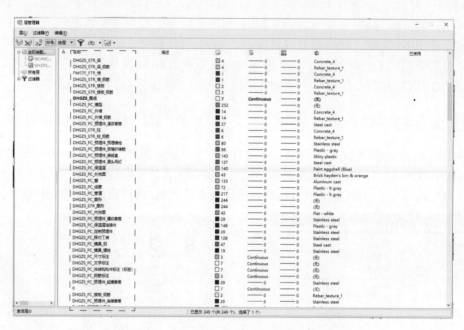

图 10-19 Bentley ProStructures 图层管理器

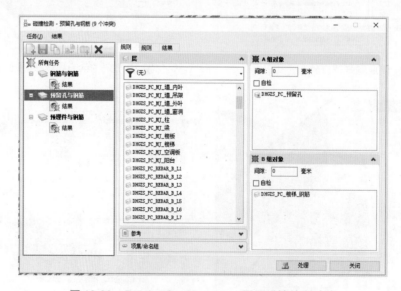

图 10-20 Bentley ProStructures 图层碰撞检测功能

## 二、项目文件命名规则

在 Bentley ProStructures 软件中新建深化设计阶段的单个 PC 构件 BIM 模型文件，文件名按照"项目名称_区域或楼栋_工程阶段_专业_楼层_PC 构件名称_设计师姓名_日期"命名，如"盘龙苑小学_食堂_CP_PM_3F_WQ-2_毕某_20180820"。其中，CP 指的是深化设计阶段，PC 指的是 PC 构件，3F 指的是三层，WQ-2 指的是 PC 构件名称。

## 三、导入 ISM 格式的 PC 构件 BIM 模型文件

在 Bentley ProStructures 软件中依次单击"文件"→"输入"→"ProStructures 文件类型"→"ISM- 从存储库新建"，导入从 Revit 软件导出的 ISM 格式 PC 构件模型文件，如图 10-21 和图 10-22 所示。

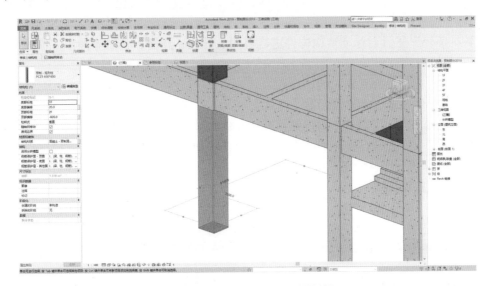

图 10-21　Revit 软件创建预制柱

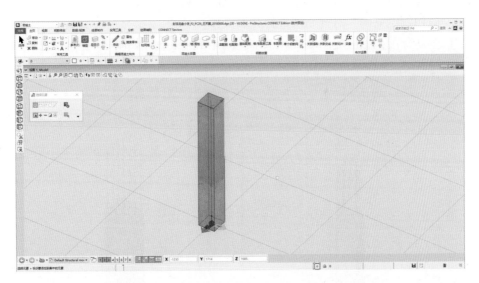

图 10-22　导入 Bentley ProStructures 软件中的预制柱

## 四、项目基点设置

从 Revit 软件导出的 ISM 格式 PC 构件模型文件，在 Bentley ProStructures 软件中继承了 Revit 文件的

项目基点位置，无须再次设置。Revit 视图中的项目基点（X=0，Y=0，Z=0）与 Bentley ProStructures 的项目原点位置（X=0，Y=0，Z=0）是一致的。

## 五、PC 构件建模标准

深化设计阶段 PC 构件 BIM 设计工作主要是根据 PC 构件厂的生产条件、生产工艺和现场安装条件进行 PC 构件加工设计，包括混凝土构件开槽、开洞，添加预埋件，创建钢筋等。

**（一）PC 构件命名规则**

PC 构件命名规则请参考第 7 章。

**（二）PC 构件混凝土构件建模标准**

1）PC 构件一般分为 PC 柱、PC 梁、PC 墙、PC 楼板和 PC 楼梯，这些 PC 构件其基本模型都可通过标准的柱、梁、墙、楼板和楼梯模型创建。

2）使用"特征编辑"工具对标准结构构件进行剪切、开孔、开槽、布尔等操作，形成 PC 构件主体。

3）使用 ProConcrete 形体将其转换为混凝土构件。

4）将所创建的 PC 构件分配到相应的图层中。

**（三）PC 构件预埋件、连接件建模标准**

1）使用"特征实体"工具创建 PC 构件的预埋件、连接件。

2）使用"项类型"工具为 PC 构件的预埋件、连接件添加自定义属性。

3）新建预埋件共享单元库，使用"单元"工具选取埋件、连接件创建单元，即可长期重复使用。

**（四）PC 构件钢筋建模标准**

1）使用"柱配筋""梁配筋""墙配筋"楼板配筋"工具完成常规形状钢筋的创建。

2）使用"单个钢筋"和"单个钢筋分布"工具完成复杂形状钢筋的创建。

3）对非规则形体的结构构件配筋建模，主要使用"单个钢筋创建""单个钢筋分布""不规则钢筋"工具完成。

4）使用"钢筋修改"工具对钢筋笼中的单个钢筋单独进行修改。

5）使用"末端条件修改"工具对钢筋笼或单个钢筋的末端进行修改。

6）使用"多义线切割钢筋网"对钢筋网进行开洞操作。

7）将所创建的钢筋分配到相应的图层中。PC 构件 BIM 加工设计如图 10-23 ~ 图 10-27 所示。

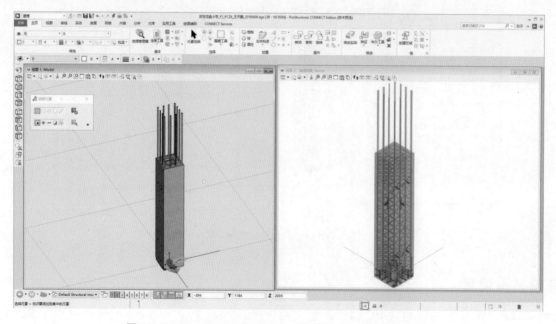

图 10-23　Bentley ProStructures 软件 PC 柱 BIM 加工设计

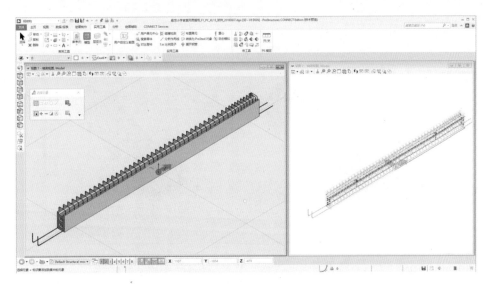

图 10-24　Bentley ProStructures 软件 PC 梁 BIM 加工设计

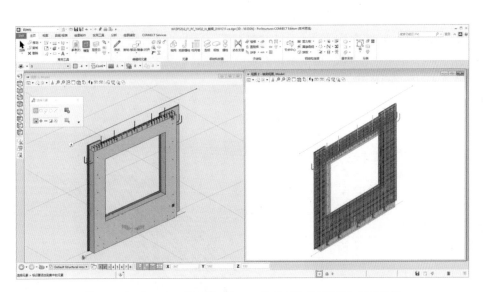

图 10-25　Bentley ProStructures 软件 PC 外墙 BIM 加工设计

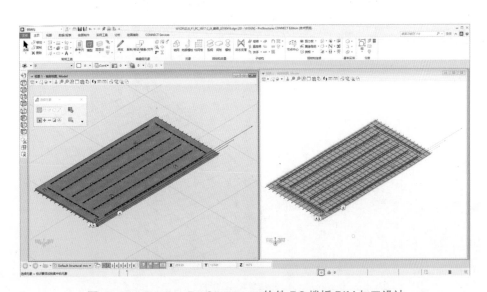

图 10-26　Bentley ProStructures 软件 PC 楼板 BIM 加工设计

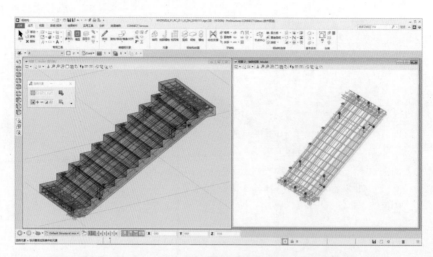

图 10-27  Bentley ProStructures 软件 PC 楼梯 BIM 加工设计

## 六、PC 构件各部分构件的 BIM 模型设计检查

在 Bentley ProStructures 软件中主要通过"碰撞检测"工具中的图层碰撞检测功能来检查 PC 构件各部分构件的设计一致性。一是重点检查钢筋与预留孔有无碰撞；二是检查钢筋与预埋件有无碰撞；三是检查钢筋与钢筋之间有无碰撞，如图 10-28 和图 10-29 所示。

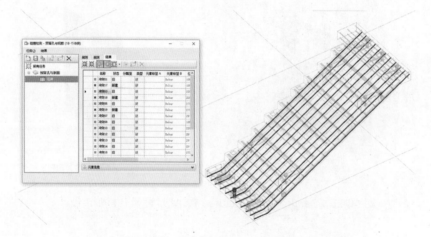

图 10-28  PC 楼梯钢筋与预留孔 BIM 模型的碰撞检查

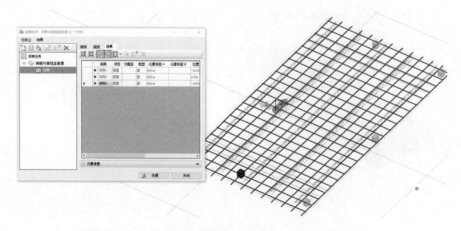

图 10-29  PC 楼板钢筋网与接线盒 BIM 模型的碰撞检查

# 第 7 节　深化设计阶段 PC 构件模具加工设计 BIM 建模标准

深化设计阶段 PC 模具加工设计 BIM 建模工作所用的软件是 Bentley ProStructures 软件。

## 一、PC 模具与 PC 构件的关系

在介绍 PC 模具与 PC 构件的关系前，先了解下 PC 构件设计与加工流程：

1）PC 构件加工设计完成后，提交给 PC 构件加工厂。

2）PC 构件加工厂将 PC 加工设计图纸提交给 PC 模具加工设计团队，完成 PC 模具加工设计图纸的绘制。

3）PC 模具加工设计图纸返回 PC 构件加工厂，在模台上安装 PC 模具，再固定预埋件、绑扎钢筋，浇筑混凝土，进行养护。

4）PC 构件养护完成后，拆除模具，送至堆场。

5）重新在模台上安装 PC 模具，进行下一块 PC 构件的生产。

PC 构件设计与加工流程如图 10-30 所示。

图 10-30　PC 构件设计与加工流程图

从 PC 构件设计和加工流程上来看，如果模具设计出错，将导致成批次 PC 构件的加工出错，这必将给工程项目带来巨大的损失。PC 构件加工设计一定程度上是为了 PC 模具加工设计，两者设计图纸如图 10-31 和图 10-32 所示。PC 构件与 PC 模具的加工设计的一致性，决定了 PC 构件产品的造型、尺寸，决定了钢筋位置、数量和规格，决定预留孔、预留槽的形状、尺寸，决定了预埋件的样式、尺寸、位置。

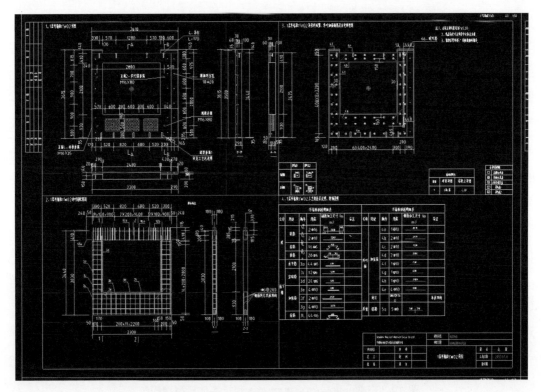

图 10-31　二维 PC 构件加工设计图纸

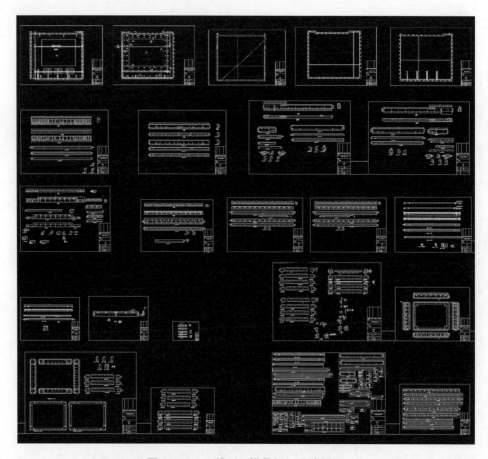

图 10-32　二维 PC 模具加工设计图纸

一个合格的 PC 构件设计师，不仅要精通 PC 构件拆分设计、PC 构件加工设计，还要掌握 PC 模具的加工设计。

## 二、由 Bentley ProStructures 软件完成 PC 模具加工 BIM 设计的价值

相比较其他 PC 模具加工设计的 BIM 软件，Bentley ProStructures 软件的价值如下：

一是同时具有混凝土和钢结构深化设计功能模块，可以实现在一个 BIM 设计软件完成 PC 结构加工、结构深化、PC 模具加工的一体化 BIM 设计，无须切换其他软件。

二是最新的 Bentley ProStructures Connect Edition 软件除了原有的特征实体建模功能（也是一种参数化建模功能，可以将模型所有修改过程存放于一个管理器中，支持回溯至之前某一修改阶段进行重新修改或删除），如图 10-33 所示；还有曲面和网格建模模块（图 10-34、图 10-35），新增了二维和三维的参数化和约束工具（图 10-36）。综合来说，其在建模功能上基本达到了工业设计级别。

三是支持将任意建模工具创建的模型（如曲面、网格、特征模型）转换成钢构件。

四是支持导入导出的文件格式种类较多，甚至直接可以打开 Revit 族文件。

五是使用图层来管理构件，可以将不同构件分配到自定义图层。

六是"碰撞检测"工具中有图层碰撞检测功能，可以以两个或多个图层进行碰撞检测，方便进行针对性的碰撞检测。

图 10-33　Bentley ProStructures 特征实体模型建模工具

图 10-34 Bentley ProStructures 曲面模型工具

图 10-35 Bentley ProStructures 网格模型建模工具

图 10-36 Bentley ProStructures 二维、三维和尺寸标注约束工具

## 三、项目文件命名规则

在 Bentley ProStructures 软件中新建深化设计阶段的单个 PC 模具 BIM 模型文件，文件名按照"项目名称 _ 区域或楼栋 _ 工程阶段 _ 专业 _ 楼层 _PC 构件名称 _ 设计师姓名 _ 日期"命名，如"盘龙苑小学 _ 食堂 _CP_PM_3F_WQ-2_ 毕某 _20180820"。其中，CP 指的是深化设计阶段，PM 指的是 PC 模具，3F 指的是三层，WQ-2 指的是 PC 构件名称。

## 四、参考（同链接）PC 构件 BIM 模型文件

在 Bentley ProStructures 软件中使用"参考"即 ![参考(F)] 工具进行 PC 模具加工设计的 PC 构件模型，如图 10-37 所示。

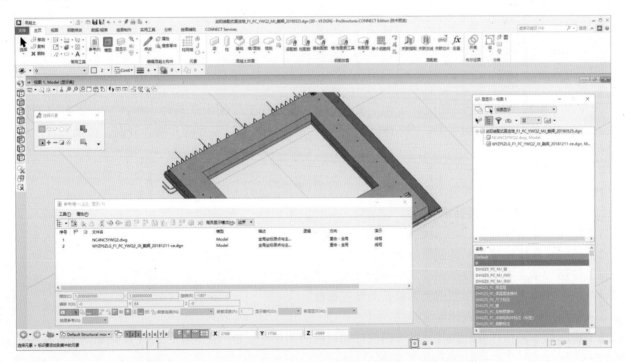

图 10-37 在 Bentley ProStructures 软件中参考 PC 外墙构件模型

## 五、项目基点设置

在 Bentley ProStructures 软件中参考 PC 构件时需要在"选择参考"对话框中的"连接方法"下拉列表中选择"全局重合"，此方法相当于 Revit 软件链接定位"自动–原点到原点"方式，可保证参考文件项目基点位置的一致，如图 10-38 所示。

图 10-38　Bentley ProStructures 软件参考文件定位

## 六、PC 模具建模标准

深化设计阶段 PC 模具 BIM 设计工作主要是根据 PC 模具工厂的生产条件、生产工艺和 PC 构件的生产工艺进行 PC 模具加工设计工作，包括模具的零件、部件设计，对零件的开槽、开洞，添加螺栓、焊缝，并进行装配等工作。

**（一）PC 模具命名规则**

PC 模具命名规则请参考第 7 章。

**（二）PC 模具构件建模标准**

1）使用"型钢""钢板"工具创建常规 PC 模具构件。

2）使用"实体建模"工具创建复杂形状构件，并将其转换为钢构件。

3）使用"钻孔"工具对型钢或钢板进行开孔。

4）使用"螺栓"工具在型钢或钢板孔上放置螺栓。

5）使用"焊接符号"创建焊缝。

6）将所创建的构件分配到与其主体钢构件相对应的图层中。PC 模具加工 BIM 设计如图 10-39 所示。

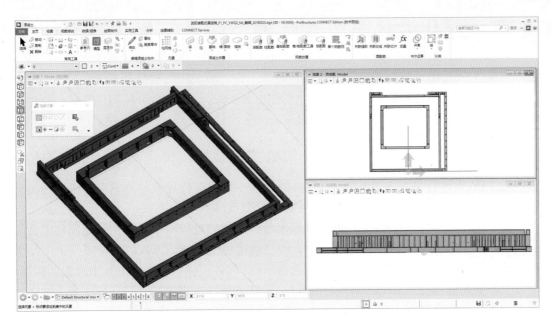

图 10-39　Bentley ProStructures 软件 PC 模具加工 BIM 设计

## 七、PC 模具与 PC 构件的 BIM 模型设计检查

在 Bentley ProStructures 软件中主要通过 "碰撞检测" 工具中的图层碰撞检测功能来检查 PC 模具与 PC 构件 BIM 模型设计的一致性问题，如图 10-40 所示。一是重点检查 PC 构件与 PC 模具之间的尺寸、形状有无碰撞；二是检查 PC 构件的钢筋与 PC 模具之间是否有碰撞；三是检查 PC 构件的预埋件与 PC 模具之间有无碰撞。

图 10-40　PC 构件与 PC 模具 BIM 模型的碰撞检测

## 第8节  深化设计阶段 BIM 模型综合、优化及设计检查

深化设计阶段各专业 BIM 模型的装配和设计检查等工作，所使用的软件是 Bentley ProStructures 软件。结构深化、PC 构件加工、PC 模具加工设计的优化工作由 Bentley ProStructures 软件完成；装饰专业和机电专业的优化工作由 Autodesk Revit 和基于其开发的鸿业蜘蛛侠软件完成。

### 一、用 Bentley ProStructures 软件进行 BIM 模型装配、优化与设计检查的价值

相比较其他 BIM 设计软件，ProStructures 软件的价值，一是支持导入导出的文件格式种类较多，常用从 Revit 软件导出的 DWG、ISM、i-model 三种格式的模型文件，导入 ProStructures 软件进行全专业 BIM 模型装配；二是 Bentley ProStructures 软件使用图层来管理构件，可以将不同构件分配到自定义图层；三是 Bentley ProStructures 软件的"碰撞检测"工具中有图层碰撞检测功能，可以以两个或多个图层进行碰撞检测，方便进行针对性的碰撞检测；四是 Bentley ProStructures 软件"碰撞检测"工具中有钢筋碰撞检测功能，而且效率很高，不会死机；五是 Bentley ProStructures 软件支持在本机上同时打开被参考（被链接）项目文件，在被参考的项目文件修改后，在原文件会自动提醒更新，这大大提高了修改的效率。

### 二、项目文件命名与保存位置

按照"项目名称_区域或楼栋_工程阶段_专业_设计师姓名_日期"对全专业综合 BIM 模型文件进行命名，如"盘龙苑小学_食堂_CP_FP_戴某_20181015"。其中，CP 指的是深化设计阶段，FP 指的是全专业综合。

文件保存于"D:\ 九曜项目 \ 盘龙苑小学 \07_ 深化设计阶段 \11_ 综合 BIM"路径下。

### 三、参考（同链接）其他专业 BIM 模型文件

在 Bentley ProStructures 软件中使用"参考"即 [图标] 工具链接深化设计阶段其他专业的 BIM 模型文件。Bentley ProStructures 的"参考"工具支持嵌套链接的深度可达 99 层，也就是说我们在当前的总装文件中可查看第 99 层被链接的项目文件，如图 10-41 所示。

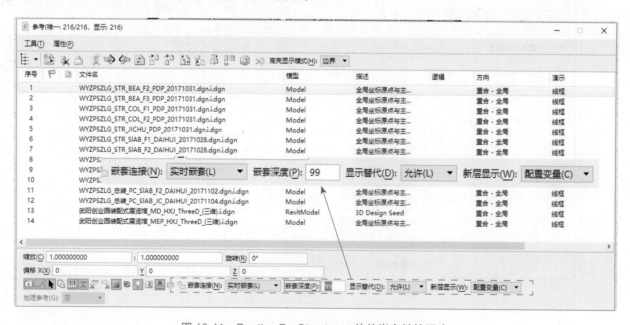

图 10-41  Bentley ProStructures 软件嵌套链接深度

## 四、参考各专业 BIM 模型的文件格式

1）直接参考 Bentley ProStructures 软件创建的结构深化、PC 构件加工、PC 模具加工设计的 BIM 模型。

2）Revit 软件创建的建筑、装饰、机电等专业 BIM 模型，支持三维 DWG（不限 Revit 软件版本）、i-model（最新版 i-model 接口程序支持 Revit 2017~2020 版）。

## 五、全专业 BIM 模型设计检查

在 Bentley ProStructures 软件中主要通过碰撞检测工具中的"图层碰撞检测"功能来检查各专业的碰撞。重点检查包括：

1）上下楼层的竖向 PC 构件连接部位的碰撞检测，检查底部插筋与上部 PC 构件灌浆套筒连接是否准确，如图 10-42 所示。

2）PC 构件与现浇构件的后浇部位的钢筋连接是否有碰撞，包括竖向构件之间、竖向构件与水平构件之间、水平构件之间，如图 10-43 所示。

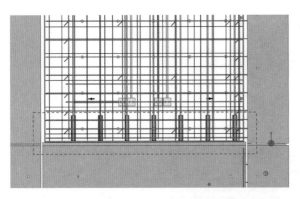

图 10-42　上下楼层之间 PC 构件的连接部位检查

图 10-43　后浇部位 PC 构件钢筋与现场绑扎的钢筋之间的碰撞检查

3）检查 PC 构件与现浇结构构件是否有重复，这在有 PC 外墙的项目中是很常见的问题，易造成工程量的多算，如图 10-44 所示。

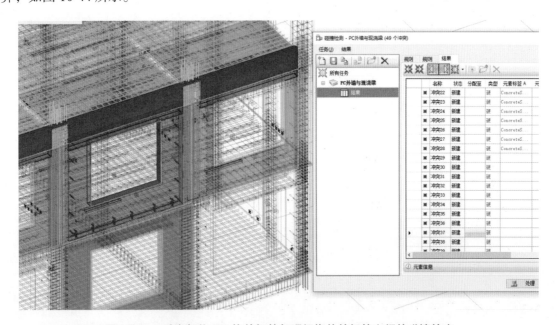

图 10-44　后浇部位 PC 构件钢筋与现场绑扎的钢筋之间的碰撞检查

4）检查 PC 构件与室内装饰专业设计是否一致，尤其是预埋件与开关、插座等电气末端数量、位置的一致性，如图 10-45 和图 10-46 所示。

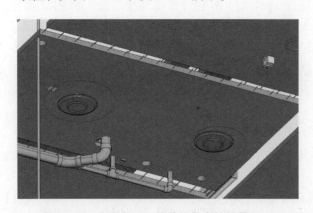

图 10-45　灯具与 PC 构件接线盒的数量和位置的一致性检查

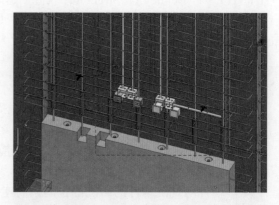

图 10-46　插座、开关与 PC 构件接线盒的数量和位置的一致性检查

5）检查 PC 构件与机电管线设计是否一致，尤其是竖向管道与 PC 构件上预留孔的尺寸和位置的一致性，如图 10-47 所示。

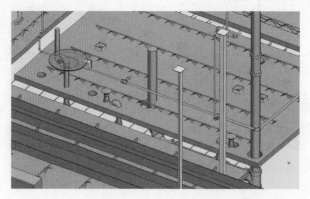

图 10-47　竖向管道与 PC 构件预留孔的一致性检查

# 第 11 章

# 装配式建筑技术、BIM 技术工程案例介绍

## 第 1 节　装配式建筑工程案例——广西中泰产业园棚户区改造项目

### 一、项目概况

中泰产业园棚户区改造项目 A 区位于广西壮族自治区崇左市江州区中泰产业园西侧，南临区域主干道工业大道，由 13 栋 11F~13F 二类高层建筑和 1 层地下室所组成。本工程基础为筏板基础，住宅部分为剪力墙结构，车库为框架剪力墙结构，商业部分为框架结构。

中泰产业园棚户区改造项目 A 区（图 11-1 和图 11-2）总建筑面积 181547.12m²，其中住宅建筑面积 129126.04m²。各楼栋均采用预制装配式建筑，预制装配率不低于 35%，2F~12F 为预制装配式楼层，预制构件包含预制外围护墙板、预制梁、预制楼板、预制阳台板、预制楼梯等。

图 11-1　中泰产业园棚户区改造项目 A 区鸟瞰图

图 11-2　中泰产业园棚户区改造项目 A 区单体正视图

项目的政策背景。广西壮族自治区印发的《大力推广装配式建筑促进我区建筑产业现代化发展的指导意见的通知》文件要求积极创建国家级建筑产业现代化研发推广和示范基地，推广适合工业化生产的预制装配式建筑体系，发展预制和装配技术，重点开发研究装配式结构体系、围护结构体系、填充体系、部品体系及其新型墙体材料，大力发展适用于内外墙的集保温、隔热、承重一体化复合多功能砌体，以及利废节能轻质内隔墙板、外墙板和复合墙板，提高技术集成水平。

### 二、基于 BIM 技术的装配式建筑设计和施工技术解决方案

长沙华晟宜居工程技术服务有限公司为本项目提供基于 BIM 技术装配式建筑设计和施工技术解决方案。具体实施流程如下：

1）技术咨询合同签订。

2）技术服务人员进场。

3）设计技术会议对接。

4）BIM技术预制装配式深化设计优化。

5）现场总平布置。

6）施工前现场探勘评估。

7）施工前准备工作梳理。

8）项目装配施工管理策划。

9）装配式BIM施工模拟。

10）预制装配式施工组织设计方案编制指导。

11）预制构件生产进度及品质监控。

12）施工前技术交底会议组织。

13）可视化施工技术交底。

14）装配式施工安全管控指导。

15）装配式施工过程技术指导。

16）装配式施工质量管控指导。

17）装配式施工阶段性盘点评估。

18）装配式施工技术优化。

19）装配式施工经验总结。

## 三、装配式建筑工程项目实施过程BIM技术应用

1）根据预制楼板平面布置图，7#、8#楼标准户型的B轴、J轴均设置了后浇板带。后浇板带的作用是将两块楼板连接为整体进行受力，设计图纸上未给出具体节点做法，仅提供了阳台后浇板带板带节点做法。因此，导致构件厂均只留设了外伸90mm的钢筋，未留设弯钩，未能起到整体受力要求，存在板底开裂的风险，如图11-3~图11-5所示。

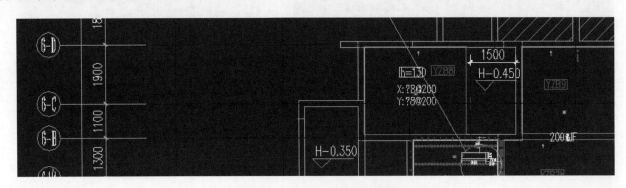

图11-3  设计院的深化设计图

由于板缝较窄，设计人员认为设置钢筋弯头影响沿板缝方向钢筋的放置绑扎，因此，现场实际施工按无弯头做法实施。

2）单向板密缝拼接节点做法不合理，仅标注附加钢筋每边距离中缝长度为15$d$，未说明需要卡入板边第一道桁架筋内，导致附加钢筋不能真正地起到抗剪作用，存在板底拼缝开裂的隐患，如图11-6和图11-7所示。

该建议被设计院接受并采用，现场实施后板缝成形质量较好，如图11-8所示。

图 11-4　BIM 建模形象展示

图 11-5　施工现场实际做法

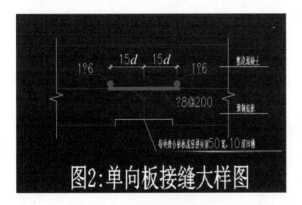

图 11-6　设计院提供的节点大样

图 11-7　BIM 建模节点展示

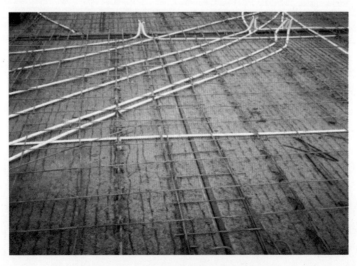

图 11-8　现场拼缝附加钢筋实际做法

3）预制混凝土模板（PCF）Q8中间部位有预制梁安装，缺口处钢筋设置与预制梁外伸钢筋存在碰撞干涉，影响预制梁安装落位，同时此处在预制梁安装后是否满足抗冲切荷载受力要求，还需要设计人员复核并调整，如图11-9~图11-11所示。

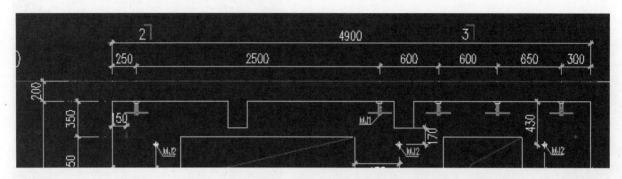

图11-9　设计院提供的预制构件深化设计详图（一）

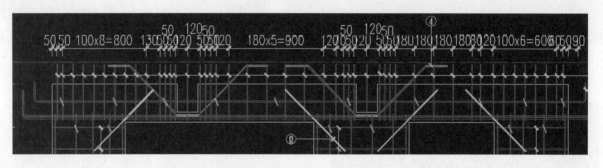

图11-10　设计院提供的预制构件深化设计详图（二）

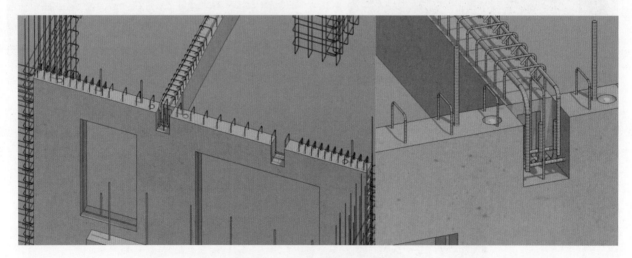

图11-11　BIM三维建模节点展示

该处设计经设计人员调整，将腰筋采用吊筋形式下沉至梁底，并在门窗洞口处要求施工时增设梁底支撑。

4）现浇转预制楼层的插筋定位准确与否直接决定着以上各楼层受力钢筋是否可以顺利连接，并保证预制墙板是否顺利安装就位，如图11-12和图11-13所示。插筋定位图与预制构件预留墙顶插筋准确性复核是插筋定位成功与否的关键。

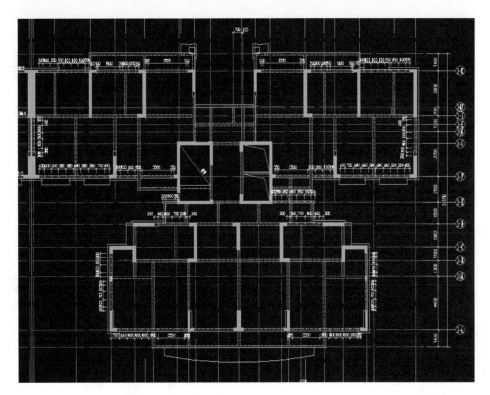

图 11-12　设计院的插筋定位平面布置图

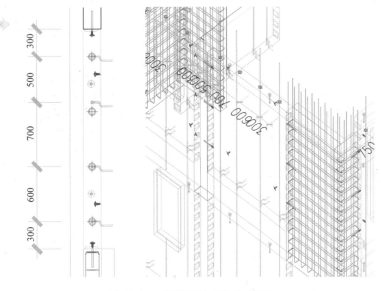

图 11-13　插筋定位三维展示图

利用标准层 BIM 预制墙板拼装图叠加预制墙板工艺详图、插筋定位图，进行预留插筋的准确性复核，在施工前帮助相关人员发现插筋平面定位图、预制墙板工艺详图中是否存在不一致的问题，在设计阶段就可以解决施工中可能存在的影响构件顺利安装的问题。

## 四、项目 BIM 施工模拟

中泰产业园棚户区改造项目 A 区项目于 2018 年 7 月开工，目前已有 4 栋单体实现封顶，其他楼栋主体正处于预制装配式施工过程中，如图 11-14~图 11-21 所示。

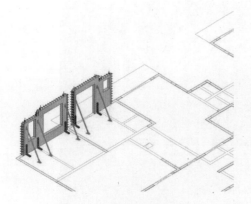

图 11-14　预制墙板安装（一）

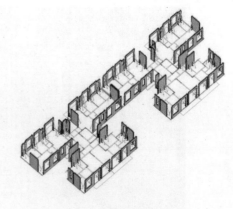

图 11-15　预制墙板安装（二）

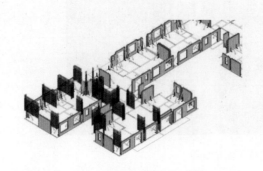

图 11-16　墙板钢筋绑扎

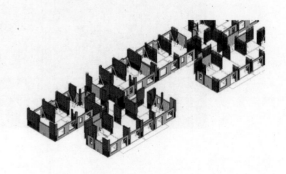

图 11-17　墙板铝模安装加固

图 11-18　梁铝模 + 水平支模架搭设

图 11-19　预制梁吊装

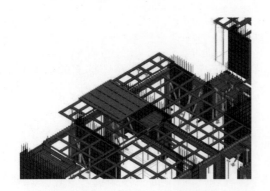

图 11-20　预制叠合楼板吊装

图 11-21　预制标准层施工完成

## 五、PC 构件生产、堆放和安装

PC 构件生产、堆放和安装过程如图 11-22~图 11-33 所示。

图 11-22　预制楼板生产

图 11-23　预制楼梯生产

图 11-24　预制楼梯现场堆放图

图 11-25　预制围护墙现场堆放

图 11-26　铝模支模架体系

图 11-27　预制梁吊装

图 11-28  预制阳台板面钢筋绑扎

图 11-29  预制楼板板面水电安装

图 11-30  预制楼梯吊装

图 11-31  预制楼梯安装后效果

图 11-32  预制楼板拆模后观感

图 11-33  预制 + 铝模板拆模后观感

# 第 2 节 装配式建筑工程案例——杭州市三墩北单元 A-R22-09 地块 24 班初中工程

## 一、项目概况

三墩北单元 A-R22-09 地块 24 班初中工程位于浙江省杭州市西湖区，由 5 栋 4F ~ 5F 二类公共建筑和 1 层地下室所组成。本工程基础为独立基础，地上部分为框架结构。

三墩北单元 A-R22-09 地块 24 班初中工程（图 11-34）总建筑面积 32251.9m²，其中地上建筑面积 2266.54m²。其中综合楼、1 号楼、2 号楼采用装配式建筑，装配率不低于 25%，预制构件包含预制墙板、预制梁、预制楼板、预制阳台板、预制楼梯等。

按照浙江省人民政府办公厅发布《浙江省人民政府办公厅关于加快建筑业改革与发展的实施意见》（浙政办发 [2017]89 号）文件要求，加快转变建造方式，全面推广绿色建筑、全力推行装配式建筑和住宅全装修。

图 11-34 三墩北单元 A-R22-09 地块
24 班初中工程主入口效果图

三墩北单元 A-R22-09 地块 24 班初中工程为装配式建筑，2F~5F 为装配式楼层，预制构件包含预制外围护墙板、预制梁、预制楼板、预制阳台板、预制楼梯等。

## 二、BIM 技术解决方案

浙江弼木云数字技术发展有限公司为本项目制定了从施工图到 PC 构件拆分到深化设计阶段的全专业 BIM 技术解决方案。BIM 技术解决方案实施流程图如图 11-35 所示。

图 11-35 BIM 技术解决方案实施流程图

## 三、项目分析

三墩北单元 A-R22-09 地块 24 班初中工程为政府投资的学校项目，项目重难点包括：

1）EPC 总承包，工期较短。

2）预制率较高。

3）精装修项目，精装修设计滞后。

4）施工图机电专业图纸与精装修机电图纸不一致。

5）精装修图纸决定 PC 构件预留孔洞和预埋件设计。

6）PC 构件钢筋与现场绑扎钢筋的碰撞。

7）PC 构件与 PC 构件之间的钢筋碰撞。

8）PC 构件与现浇构件的预留和预埋影响。

## 四、BIM 技术实施

### （一）全专业 BIM 模型创建

BIM 模型如图 11-36 和图 11-37 所示。

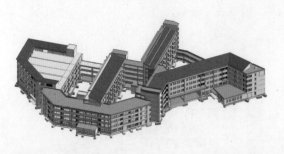

图 11 36　教学楼建筑和结构专业施工图 BIM 模型

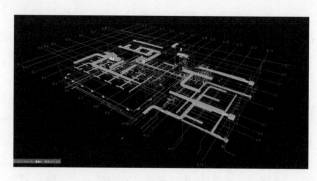

图 11-37　体育馆 MEP 专业施工图 BIM 模型

### （二）BIM 的 PC 构件拆分

BIM 的 PC 构件拆分模型如图 11-38 所示。

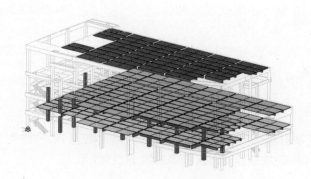

图 11-38　PC 构件拆分模型

### （三）基于 BIM 的各专业设计检查（碰撞检查）

基于 BIM 的各专业碰撞检查如图 11-39~ 图 11-41 所示。

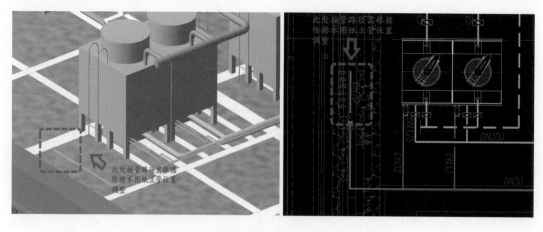

图 11-39　机电专业管线碰撞检查（一）

图 11-40　机电专业管线碰撞检查（二）

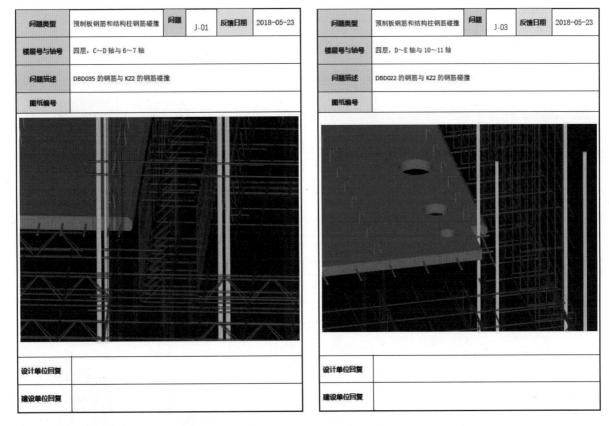

| 问题类型 | 预制板钢筋和结构柱钢筋碰撞 | 问题 | J-01 | 反馈日期 | 2018-05-23 |
| --- | --- | --- | --- | --- | --- |
| 楼层号与轴号 | 四层，C～D 轴与 6～7 轴 | | | | |
| 问题描述 | DBD035 的钢筋与 KZ2 的钢筋碰撞 | | | | |
| 图纸编号 | | | | | |

| 设计单位回复 | |
| --- | --- |
| 建设单位回复 | |

| 问题类型 | 预制板钢筋和结构柱钢筋碰撞 | 问题 | J-03 | 反馈日期 | 2018-05-23 |
| --- | --- | --- | --- | --- | --- |
| 楼层号与轴号 | 四层，D～E 轴与 10～11 轴 | | | | |
| 问题描述 | DBD022 的钢筋与 KZ2 的钢筋碰撞 | | | | |
| 图纸编号 | | | | | |

| 设计单位回复 | |
| --- | --- |
| 建设单位回复 | |

图 11-41　PC 构件与机电管线碰撞检查

## （四）基于 BIM 的各专业设计检查（净高分析）

重要区域的净高分析如图 11-42 所示。

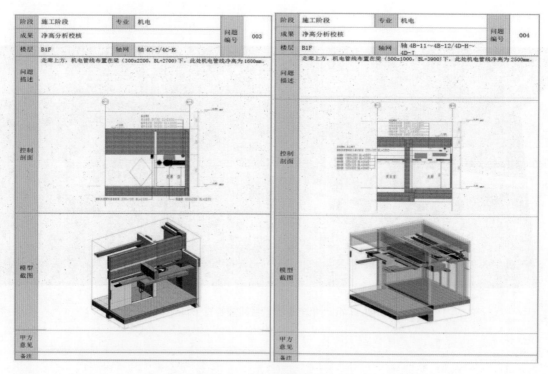

| 阶段 | 施工阶段 | | 专业 | 机电 | | |
|---|---|---|---|---|---|---|
| 成果 | 净高分析校核 | | | | 问题编号 | 003 |
| 楼层 | B1F | | 轴网 | 轴 4C-2/4C-E | | |
| 问题描述 | 走廊上方，机电管线布置在梁（300x2200，BL+2700）下，此处机电管线净高为1600mm。 | | | | | |
| 控制剖面 | | | | | | |
| 模型截图 | | | | | | |
| 甲方意见 | | | | | | |
| 备注 | | | | | | |

| 阶段 | 施工阶段 | | 专业 | 机电 | | |
|---|---|---|---|---|---|---|
| 成果 | 净高分析校核 | | | | 问题编号 | 004 |
| 楼层 | B1F | | 轴网 | 轴 4B-11～4B-12/4D-H～4D-T | | |
| 问题描述 | 走廊上方，机电管线布置在梁（500x1000，BL+3900）下，此处机电管线净高为2500mm。 | | | | | |
| 控制剖面 | | | | | | |
| 模型截图 | | | | | | |
| 甲方意见 | | | | | | |
| 备注 | | | | | | |

图 11-42　重要区域的净高分析

### （五）基于 BIM 的设计检查（管线综合优化）

机电专业管线综合及优化如图 11-43 和图 11-44 所示。

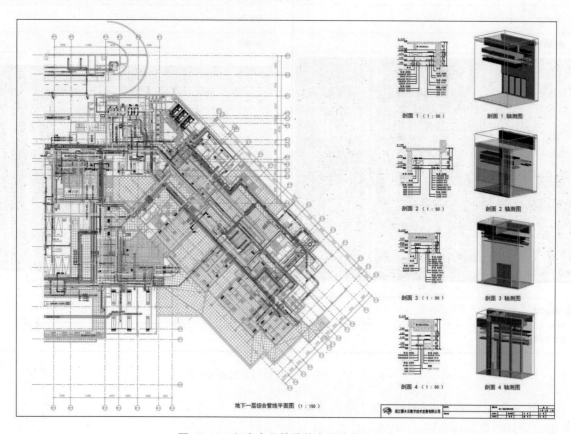

图 11-43　机电专业管线综合及优化（一）

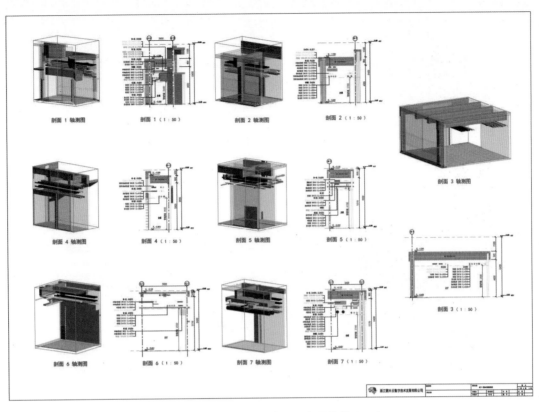

图 11-44　机电专业管线综合及优化（二）

## （六）基于 BIM 的 PC 构件深化设计

基于 BIM 的 PC 构件深化设计如图 11-45~ 图 11-48 所示。

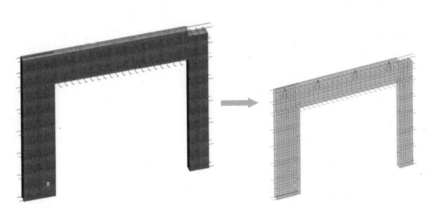

图 11-45　PC 隔墙深化设计

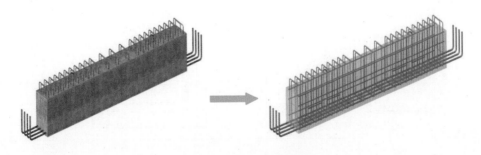

图 11-46　PC 梁深化设计

图 11-47　PC 板深化设计

图 11-48　PC 楼梯深化设计

## （七）基于 BIM 的 PC 构件图纸设计和算量

PC 楼板和楼梯深化设计图纸与工程量如图 11-49 和图 11-50 所示。

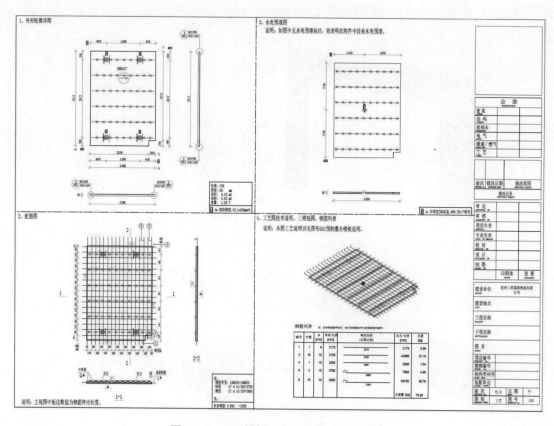

图 11-49　PC 楼板深化设计图纸与工程量

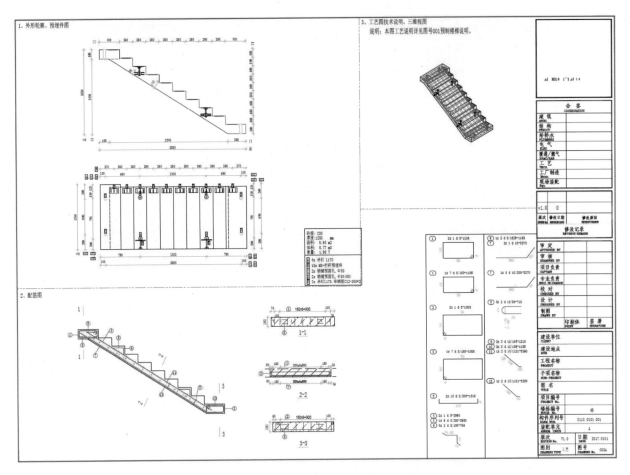

图 11-50　PC 楼梯深化设计图纸与工程量

## （八）基于 BIM 的机电专业深化设计

基于 BIM 的机电专业深化设计如图 11-51~ 图 11-56 所示。

图 11-51　地下室深化设计（一）

图 11-52　地下室深化设计（二）

图 11-53　地下室深化设计（三）

图 11-54　机房深化设计（一）

图 11-55　机房深化设计（二）

图 11-56　机房深化设计（三）

# 参 考 文 献

[1] 郭学明 . 装配式混凝土结构建筑的设计、制作与施工 [M]. 北京：机械工业出版社，2017.

[2] 焦柯 . 装配式混凝土结构高层建筑 BIM 设计方法与应用 [M]. 北京：中国建筑工业出版社，2018.

[3] 文林峰，住房和城乡建设部科技与产业化发展中心 . 装配式混凝土结构技术体系和工程案例汇编 [M]. 北京：中国建筑工业出版社，2017.

[4] 汪杰 . 装配式混凝土建筑设计与应用 [M]. 南京：东南大学出版社，2018.